彩图1　拼布南瓜靠垫

彩图2　立体丝带绣靠垫

彩图3　用盘扣装饰的中式靠垫

彩图4　拼布绗缝靠垫

彩图5　长方形与圆形坐垫

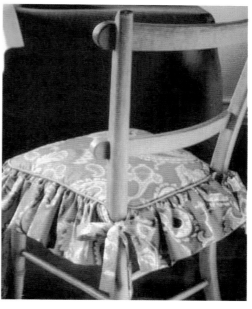

彩图6　适合椅子造型的椅座套

彩图7　结合印花与抽纱工艺的海绵垫

彩图8　结构变化的绣花海绵垫

彩图9　八角形花式馒头垫

彩图10　色彩协调的餐厅充棉坐垫

彩图11　海洋系列馒头垫

彩图12　坐垫与客厅环境的统一

彩图 13　桑蚕丝提花面料　　　　　　　　彩图 14　涤棉大提花面料

彩图 15　雪尼尔装饰面料的　　彩图 16　牛仔与蜂巢的组合　　彩图 17　拼布与绗缝
　　　　　异域风格

彩图 18　明亮的互补色搭配　　彩图 19　高纯度几何色彩的　　彩图 20　灰绿色的柔和色彩搭配
　　　　　　　　　　　　　　　　　　　相互搭配

彩图 21　稳重的蓝色

彩图 22　不同明度的豆沙红

彩图 23　金色与灰色的组合

彩图 24　简洁亮丽的
邻近色搭配

彩图 25　绣花床品设计图

彩图 26　双层窗帘

彩图 27　窗帘色彩 1

彩图 28　窗帘色彩 2

彩图 29　窗帘图案

彩图 30　窗帘图案设计 1

彩图 31　窗帘图案设计 2

彩图 32　机织大提花台布

彩图 33　抽纱台布

彩图 34　酒瓶套

彩图 35　筷子套

彩图36 餐厅系列

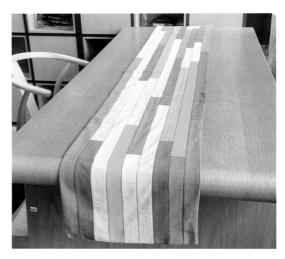

彩图37 拼布桌旗

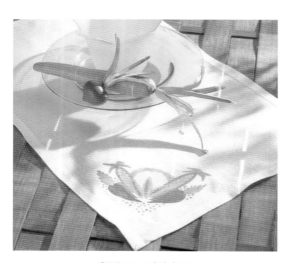

彩图38 手绘餐垫

彩图39 拼布绗缝桌布

彩图40 睡莲造型的果物篮

彩图41 小房子面巾纸套

彩图43　水果图案装饰

彩图42　田园风格的餐厅家纺系列

彩图44　餐垫

彩图45　舞林系列设计

彩图46　带挂历的多功能趣味信插

彩图47 枫叶情拼布壁挂

彩图48 小猫工艺篮

彩图49 青蛙工艺篮

彩图50 手工拼布包

彩图51 布包

“十四五”职业教育部委级规划教材

家用纺织品设计与工艺（第2版）

JIAYONG FANGZHIPIN SHEJI YU GONGYI

庞冬花　主　编

付岳莹　方艳君　副主编

中国纺织出版社有限公司

内 容 提 要

本书全面系统地阐述了家用纺织品的基础工艺、分类设计及常用家用纺织品的结构与工艺解析。通过大量图片与实例，结合现代企业的实际生产工艺，详细介绍了家用纺织品中各类常用产品的设计原理、结构特点与工艺流程。内容包含靠垫、坐垫、床上用品、窗帘、餐厨类家用纺织品、其他装饰陈设类家用纺织品等共计42个精选案例和53个教学视频，直观生动地演示了家用纺织品的设计与制作，使学习过程更加清晰易懂，有助于读者快速掌握相关知识与技能。

本书可作为高等院校纺织品设计、环境艺术设计及相关专业的教材，还可供家用纺织品企业的设计与生产技术人员参考。

图书在版编目（CIP）数据

家用纺织品设计与工艺 / 庞冬花主编；付岳莹，方艳君副主编 . -- 2 版 . -- 北京：中国纺织出版社有限公司，2025.2. --（"十四五"职业教育部委级规划教材）. -- ISBN 978-7-5229-2452-6

Ⅰ . TS1

中国国家版本馆 CIP 数据核字第 2025Z6L657 号

责任编辑：陈怡晓　沈　靖　　特约编辑：马如钦　张小涵
责任校对：高　涵　　　　　　责任印制：王艳丽

中国纺织出版社有限公司出版发行
地址：北京市朝阳区百子湾东里 A407 号楼　邮政编码：100124
销售电话：010—67004422　传真：010—87155801
http://www.c-textilep.com
中国纺织出版社天猫旗舰店
官方微博 http://weibo.com/2119887771
三河市宏盛印务有限公司印刷　各地新华书店经销
2025 年 2 月第 2 版第 1 次印刷
开本：787×1092　1/16　印张：13.75
字数：265 千字　定价：49.00 元

　　随着家用纺织品市场的蓬勃发展及消费者需求的日趋多样化，编者团队对《家用纺织品设计与工艺》一书进行了修订。《家用纺织品设计与工艺（第 2 版）》在秉承原书精髓的同时，融入了最新的设计潮流，特别是对新中式家用纺织品的设计与工艺进行了深入的探讨。此外，本书还对部分章节内容进行了精细调整，以更贴合广大读者的实际需求。在窗帘的分类设计、用料计算等方面，本书提供了更为详尽的解析，并通过增加实际案例的展示，使读者能够掌握窗帘设计与制作的精髓。"家用纺织品设计与工艺"是一门融合艺术与技术的学科，要求设计师具备全面的综合素质和应用能力。因此，本书在内容呈现上力求全面、系统、实用，通过图文结合、视频演示等多种形式，生动展现家用纺织品设计与制作的全过程。

　　本书在每个章节前增加了学习目标和引导语，旨在引导读者在掌握不同家用纺织品设计方法的同时，培养其精细化的管理意识和实际操作能力。在实际案例编写过程中，注重将传统文化与现代设计相结合，旨在增强读者的文化自信，并激发其创新意识和工匠精神。期待本书能够激发家用纺织品设计人员的制作热情，共同推动家用纺织品行业的蓬勃发展，为社会创造出更多的美好与温馨。

　　本书第一章由刘雪燕编写，第二、第四章由方艳君编写，第三、第六、第七章由庞冬花编写，第五章由付岳莹、廖婷婷编写，全书由庞冬花统稿。本书在编写过程中得到宁波博洋家纺集团、宁波市江东元素布艺有限公司等单位的大力支持与帮助，尤其是提供了大量的宝贵资料，书中也采用了企业、展览会的图片资料，在此一并向原创作者表示衷心的感谢！

　　由于编写时间和作者水平有限，书中难免有疏漏或不足之处，恳请广大读者及家用纺织品设计领域同行和前辈指正。

编　者

2024 年 6 月

我国经济的持续发展与住房条件的改善，为家用纺织品行业的发展开辟了广阔的空间，人们逐渐意识到家用纺织品在生活中的重要性，通过丰富多彩的纺织品材质、款式、色彩等设计，为室内环境营造了风格多样的艺术氛围，"轻装修、重装饰"的家庭装饰概念逐渐形成。回顾家用纺织品二十多年的迅速发展，家用纺织品行业从生产到消费发生了巨大的变化，家纺品牌竞争也日趋激烈，对家用纺织品设计人员的要求也越来越高。

家用纺织品设计与工艺是一门综合性的艺术，要求设计人员具有较全面的综合应用能力，如对纺织品材料的了解与运用、对家用纺织品的基本结构与缝制工艺的了解，款式造型、图案色彩的应用、产品流行趋势、市场消费动态与消费心理的认识等。

本书参考相关的纺织品设计类图书与服装结构工艺类图书，以图文并茂的形式，较直观地阐述了家用纺织品的基础工艺、分类设计、常用家用纺织品的结构与工艺等。书中大部分实例是结合企业实际生产工艺来整理、介绍，内容包括靠垫、坐垫、床上用品、窗帘、餐厨类家用纺织品、装饰陈设类家用纺织品等，还介绍了手工艺术在家用纺织品中的应用及家用纺织品的整体配套设计。

本书第一章、第二章第一节、第六章第一节由刘雪燕编写，第二章第二节至第四节、第三章、第五章、第六章第二节至第九节、第七章由庞冬花编写，第四章由方艳君编写，第八章由钟铉编写，第九章由付岳莹编写，全书由庞冬花、刘雪燕统稿。本书在编写过程中得到了博洋纺织有限公司的大力支持与帮助，并提供了大量的宝贵资料，书中也采用了其他一些作者、企业、展览会的图片资料，来不及一一联系，在此一并表示衷心的感谢！

由于编写时间仓促、作者水平有限，书中难免有错误或不足之处，恳请广大读者批评指正。

编 者

2008年10月

课程设置指导

      本课程设置意义   深入探索家用纺织品设计与工艺领域的精髓，以满足当前家用纺织品市场多元化、个性化的需求。随着消费者审美意识的提升和对品质生活的追求，家用纺织品已不仅仅是满足基本生活需求的物品，更是展示个性、品位和文化的重要载体。本课程通过系统的理论教学和实践操作，帮助学生全面掌握家用纺织品设计与工艺的核心知识和技能，为他们未来在家用纺织品行业从事设计、生产、销售等工作打下坚实的基础。

      本课程教学建议   本课程是家用纺织品设计、环境艺术设计等专业的主干课程。建议开设 90 课时，教学内容遵循从简入繁、从仿样设计到创新设计、从单一设计到配套设计的原则，逐步提升学生的设计能力和工艺水平。开展"教、学、做"一体化教学，将理论教学、案例分析和实践操作紧密结合，使学生在学习过程中能够边学边做，掌握家用纺织品设计与工艺的知识和技能。

      本课程教学目的   本课程的教学目的是培养具备扎实的家用纺织品设计基础知识，以及熟练的造型设计、生产工艺、管理与销售能力的高等技术应用型专门人才。通过本课程的学习，学生将深入理解家用纺织品设计的核心理念，熟练掌握从设计构思到制作实践的全流程技能，包括设计方法、结构与工艺安排、材料选择与应用等。同时，本课程将培养学生的创新思维、团队协作与持续学习能力，以满足家用纺织品行业第一线对高素质人才的需求。

Contents
目 录

第一章 家用纺织品的基础工艺

┃引导语┃

在制订家用纺织品的生产工艺和进行工艺制作过程中，会涉及较多部门之间的工作接洽，对常用工艺名词、工具等的了解显得尤为重要，规范化的工艺能够提高生产效率，保证产品质量，也更适应现代化生产的需要，因此，在学习家用纺织品工艺的过程中，还应当注重生产工艺和流程的规范化表达，确保生产过程安全、高效、环保。同时，通过学习基础工艺，也能够培养耐心、细致和坚韧的品质，这些美德在我们日常生活和工作中同样至关重要。

第一节　家用纺织品的常用工艺名词与制图符号

一、常用工艺名词（表1-1）

表1-1　常用工艺名词

序号	名称	名词解释
1	查色差	检查原、辅料色差级差，按色泽归类
2	查疵点	检查原、辅料疵点
3	查污渍	检查原、辅料污渍
4	分幅宽	原、辅料按门幅宽窄分类
5	查纬斜	检查原料纬纱斜度
6	理化试验	原辅料的伸缩率、耐热度等试验
7	排料	排出用料定额
8	铺料	按画样额定的长度要求铺料

序号	名称	名词解释
9	表层划样	用样板按排料要求在原料上画好裁片
10	复查划样	复查表层画样的数量与质量是否符合要求
11	打粉印	用画粉在裁片上做好缝制标记
12	开剪	按照画样用电剪按顺序裁片
13	查裁片刀口	检查裁片刀口质量是否符合要求
14	编号	将裁片按顺序编号，同一件产品的号码应保持一致
15	验片	检查裁片的质量（数量、色差、织疵）
16	分片	将裁片按编号或按部件种类配齐
17	换片	调换不合质量要求的裁片
18	刷花	在裁片需要绣花的部位印刷花印
19	修片	照样板修剪裁片
20	打套结	在需要加固的部位进行套结
21	缉明线	机缉表面线迹

二、制图的工具

1. 卷尺：长度在300cm以上，在制图中用于量取直线部分。

2. 米尺：长度为100cm，质地为木质、有机玻璃或钢，在制图中用于长制图的绘制。

3. 三角板：在制图中用于绘制垂直相交的线段。

4. 直尺：用于绘制直线和测量较短距离的尺子。

5. 多功能拼布尺：拼布专用工具，有多种规格，常见的有5cm×15cm、15cm×30cm、30cm×30cm、16cm×60cm等，尺寸上每隔0.5cm和1cm分别由虚线和实线标注，另有角度线30°、45°、60°，在四周标注有缝份线0.3cm、0.5cm、0.7cm，无论是制图还是配合轮刀和切割垫裁切布料都比较方便。

6. 皮尺：用于测量曲线和图纸中弧线的长度。

7. 直线笔：笔尖是针管状的又称为"针管笔"。它可以与各种尺子配合使用，不容易污染画面。通常笔尖为0.3mm、0.6mm、0.9mm三种型号。在绘制1:5的图中分别用于基础线、文字标注和结构线的绘制。

8. 铅笔：在实际制图中，基础线应选用H或HB型，结构线要选用2B型。在绘制比例图时基础线选用H或2H型，结构线选用HB型。在同一张图纸上分别画出几种不同的分割线，可以选用不同颜色的铅笔来区分。

9. 锥子：制图中用于钻眼作标记的工具。

10. 裁剪剪刀：剪切布料或纸样的工具。

11. 花齿剪刀：刀口呈锯齿形，用于裁剪布样。

12.擂盘：又称"压线器"，获得样板的工具。

13.画粉：在布料上直接制图时所用的工具。

14.水消笔：在布料上直接制图或作标记时用的工具，遇水笔迹会消失。

15.高温消失笔：画在布上制图或作标记的工具，在高温50～60℃下笔迹会完全消失。

16.轮刀：裁切布料或样板的工具，配合切割垫使用。

17.切割垫：用轮刀裁切布料时为了避免伤及桌面作垫板用的工具。

18.工作台：裁剪用的。一般高度为80～85cm，长度为250～300cm，宽度为170～260cm，或者特制尺寸。

三、制图的符号

制图的符号是为了使制图便于识别与交流而制订的比较规范统一的制图标记，它与服装的制图标记是统一的。了解这些制图符号，对于制图和读图都有非常重要的意义，见表1–2。

表1-2　制图符号

序号	名称	表示符号	代表意义
1	细实线		表示制图的基础线
2	粗实线		表示制图的轮廓线
3	等分线		用于将某一部位划分为若干相等距离的线段，虚线的宽度与细实线相同
4	点划线		表示裁片相连接，不可裁开的线条，线条的宽度与粗实线相同
5	双点划线		用于裁片的折边部位，使用时两端均应是长线，线条的宽度与细实线相同
6	距离线		表示裁片某一部位两点之间的距离，箭头指到部位的轮廓线
7	虚线		用于表示背面的轮廓线或部位缉缝线的线条，线条的宽度与细实线相同
8	褶位线		表示裁片需要收褶工艺
9	裥位线		表示衣片需要折叠进去的部分，斜线的方向表示褶裥的折叠方向
10	塔克线		表示裁片需要缉塔克的部位，图中的细实线表示塔克的梗起部分，虚线表示缉明缝线的线迹
11	净样线		表示裁片属于净尺寸，不包括缝份在内

序号	名称	表示符号	代表意义
12	毛样线	////////	表示裁片的尺寸，已经包括缝份在内
13	经向线	↕	表示面料经向的标记，符号的设置应与布料的经向平行
14	顺向线	⟋	表示材料表面的毛绒顺向标记，箭头的方向应与毛绒的顺向相同
15	对条号	─┼─	表示相关裁片之间条纹应一致，符号的纵横线应当对应于条纹
16	对花号	⧓	表示相关裁片之间应当对齐纹样
17	对格号	┼┼	表示相关裁片之间格纹应一致，符号的纵横线应当对应于条格
18	省略号	⎰⎱	省略裁片某部位的标记，经常用于长度较大而结构图无法全部画出的部位
19	否定号	✕	用于将制图中错误的线条作废的标记
20	缩缝号	〰	表示裁片某一部位需要用缝线抽缩
21	拉伸号	⋀⋀	表示裁片的某一部位需要熨烫拉伸
22	明线号	─── - - - ───	表示裁片表面需要缉缝线，实线表示产品的轮廓，虚线表示明线的线迹
23	扣眼位	⊢──┤	表示扣眼位置及大小
24	纽扣位	⊗	表示纽扣位置
25	刀口位	⋖	在相关裁片需要对位的部位所作的标记，开口一侧在裁片的轮廓线上

第二节　家用纺织品的常用手缝工艺

一、平针法

左手拿布，右手拿针，由右向左，在布面上缝成正反面一样大小针距的方法，如图1-1所示。

平针法操作方法及要求：缝针刺入布0.3～0.4cm后向上挑出，过0.3～0.4cm再向下刺入，这样反复缝刺5～6个回合后，将针拔出，如图1-2所示。要求缝制过程中保持针杆稳直，缝后缝片上下层平服，针迹疏密均匀、顺直。

图1-1 缝针法

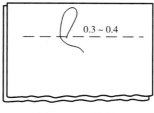

图1-2 平针缝

二、钩针法

钩针法也称回针法，有顺钩针和倒钩针之分。

操作方法及要求：顺钩针是自右向左前进的方法，手针向左（前）缝0.3cm，然后向右（后）退0.2cm，如此循环针步，如图1-3所示。这种针法前后衔接，形似机缝。要求针脚顺直，针距均匀，缝线有一定的宽松度和伸缩性。倒钩针是由左向右后退的方法，手针向前缝1针0.3cm，再向后退缝1针0.6cm，如此循环针步，如图1-4所示。要求运针时线略拉紧，厚料用双线，薄料用单线。

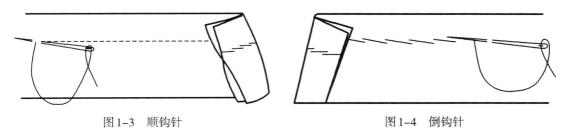

图1-3 顺钩针   图1-4 倒钩针

三、打线丁

有些裁片在缝制前，首先需要在两层叠合的裁片上，按照粉印做上对称的标记，这种工艺形式称为打线丁。打线丁主要用来标明缝片各部位缝份大小和配件的装配位置，从而保证缝制部位的结构准确。

打线丁一般要用粗白棉线，因为白棉线软而涩，且绒毛长，线丁打好后不易脱落。另外喷水烫时不掉色，不污染面料。根据面料厚薄，线丁的形式可分为两种：一种是双线打单针，适用于较厚面料；另一种是单线打双针，适用于薄而滑软的面料（图1-5）。

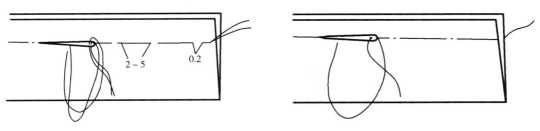

图1-5 打线丁

操作方法及要求：首先按粉印扎线迹，下层针距0.2cm左右，上层针距2~5cm。弯角处上层针距小，直线处上层针距大。接着，将上层浮线剪断，然后轻轻掀开上片0.2cm左右，将中间扎线剪断，如图1-6所示。最后，修剪正面线丁，剪掉余线，用手指压实，以防线丁脱落。要求线丁针脚顺直，针距均匀有规律，剪线头要用剪刀尖部，剪刀要握平，以防剪破衣片。

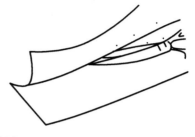

图1-6　剪线丁

四、环针法

环针法又称绕边，是缝份处理的方法之一，起手针包缝的作用，且没有机械锁边的厚实感。环针法主要用于有里布的拼缝的缝份处。

操作方法及要求：用穿有单根棉白线的针沿毛边由下向上斜向插入，针距为0.8~1.2cm，针迹离毛边距离为0.3cm左右，如图1-7所示。另外，线不要抽得太紧，以免毛边卷起。

五、缲针法

缲针是应用较广的一种针法，分为明缲针、暗缲针和三角暗缲针三种形式。

操作方法及要求：明缲针是由右向左，由里向外缲，每隔0.2cm缲1针；针迹呈斜扁形，如图1-8所示，面料

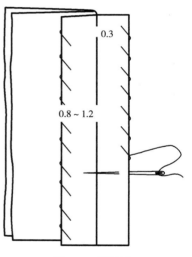

图1-7　环针法

正面针迹要求不明显。暗缲针也是自右向左方向，但它要求由内向外竖直缲，且缝线隐藏在贴边的夹层中间，每隔0.3cm露1针微小的线迹，如图1-9所示，同样正面不露线迹。

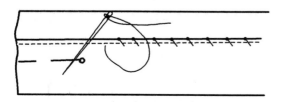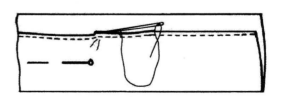

图1-8　明缲针　　　　　　　　　　　图1-9　暗缲针

三角暗缲针也是由右向左缲，缲时把底边边缘向外折，捏住底边每隔0.5cm连续缲针，将针尖穿过缝片的两根纱丝并同时穿过折转的贴边然后抽线，线不宜抽得太紧，且针脚暗藏呈小波浪形，如图1-10所示。

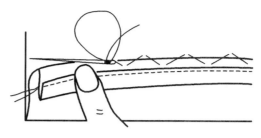

图1-10　三角暗缲针

六、三角针

三角针也称绷三角。操作方法及要求：用横式横环、内外交叉、从左至右倒退的方法把贴边和面料环牢；要求上针缝住面料一两根纱线，正面不露针迹，反面可缝透贴边。三角大小相等，呈V字形，以达到坚固美观的效果，如图1-11所示。

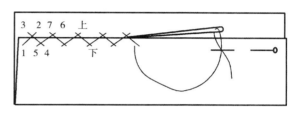

图1-11　三角针

七、打套结

打套结是加固开口、封口处的一种手针工艺。

操作方法及要求：在距开叉口一侧0.3cm处起针，为了使线结藏在反面，第1针需从反面戳出，然后在同样距离的开叉另一侧把线带入。带入的线再从起针处戳出，反复几次，使线重叠，作为打套结的衬线。用锁扣眼的方法，依衬线锁缝，针距要密，排列要整齐，宽度不得超过0.3cm，要求每针都必须缝住衬线下面的布面。在锁缝拉线时，线不要太紧，拉力要均匀。衬线锁满后，用针把衬线带到衣服的反面打结，如图1-12所示。

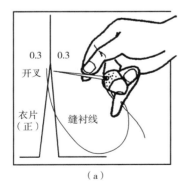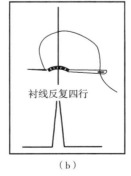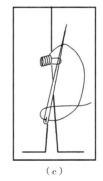

（a）　　　　　　　　（b）　　　　　　　　（c）

图1-12　打套结

八、锁针法

锁针主要用于锁扣眼和其他控制边缘、贴花边缘的毛边锁光。锁扣眼有平头和圆头两种。平头扣眼形如直线，主要用于较薄的面料；圆头扣眼形如火柴梗，主要用于较厚的面料。

平头扣眼的锁法及要求：如图1-13所示，先将扣眼的位置画好，扣眼大小为扣子直径加上扣子厚度。沿扣眼边缘0.3cm左右缝两行衬线。自扣眼的尾端起针，边锁针边用左手食指、拇指理齐扣眼上下。锁针须从衬线旁穿出，将针尾的线朝左下方，套住针尖将针抽出，朝右上方拉线，针针密锁，以此循环。锁到扣眼靠止口处时，针脚要随着圆心的方向不断变化，线迹呈放射状，拉线要朝布面的右上方抽拉，拉力要均匀。扣眼锁到尾端时，要将针穿过左边第一针线孔内封尾。

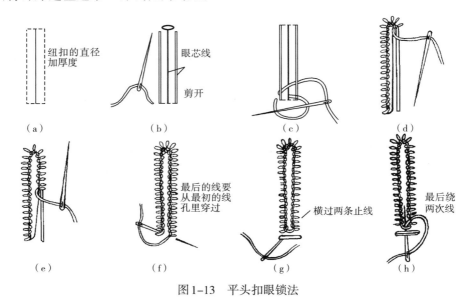

图1-13 平头扣眼锁法

圆头扣眼操作方法及要求与平头扣眼基本相同，只是剪开扣眼时，要在靠止口处剪个小三角形或用冲子冲成圆形，作为容纳扣座的空隙。拉衬线时，圆头部分边缘用小针码围绕一圈，如图1-14所示。

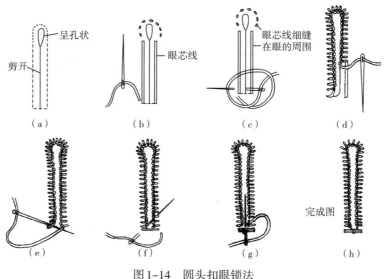

图1-14 圆头扣眼锁法

九、钉纽扣

正确钉纽扣能衬托产品的整体美，钉缝的纽扣有实用扣和装饰扣两种。

操作方法和要求：钉扣前先做好标记，缝线打结后挑布，在标记点上起针，针拔出后，再把缝针穿过扣孔，依次循环4次。钉实用扣时缝线要松，使纽眼长于衣服止口厚度0.3cm，当最后1针从纽眼孔穿入时，缝线应缠绕纽扣脚数圈，绕线要紧、整齐，然后将线尾结头引入夹层，如图1-15所示。

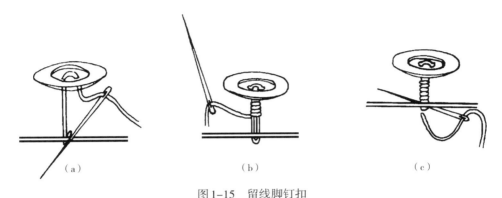

（a）　　　　　　　　　（b）　　　　　　　　　（c）

图1-15　留线脚钉扣

钉装饰扣时不必绕脚，要贴着布片钉平服，如图1-16所示。

有时用衬布、衬扣来加强纽扣和缝线的牢度。衬布又称垫布，衬布一般用在较薄的布片上，衬扣则用在厚重的布片上，如图1-17所示。

四孔纽扣的穿线方法有平行、交叉、方形几种，如图1-18所示。

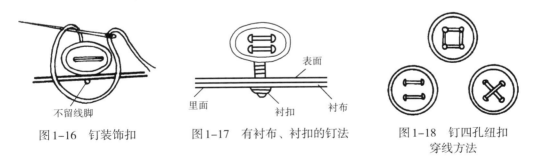

不留线脚

图1-16　钉装饰扣

里面　　衬扣　　衬布

表面

图1-17　有衬布、衬扣的钉法

图1-18　钉四孔纽扣穿线方法

十、钉按扣

按扣又称子母扣、撤扣，如图1-19所示，它比纽扣和拉链更容易扣上和解开，且较隐蔽。其大小、颜色有多种，可根据面料的厚薄和颜色来定。

十一、钉钩扣

钩扣的大小和形状有许多种，要根据使用的位置和功能进行选择。如图1-20所示，钩扣在两块要固定的部位分别用与锁纽扣相同的针法进行缝制。

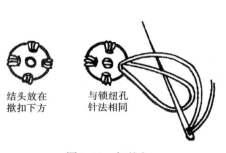

图1-19　钉按扣

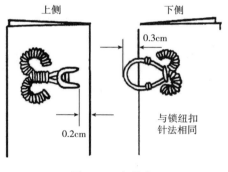

图1-20　钉钩扣

视频1-1　手缝九宫针插
平针缝、疏缝压线

视频1-2　手缝九宫针插
回针缝、藏针缝

✦ 小提示

制作手缝九宫针插至少需要两种面料，初学者宜选用全棉平纹面料（不容易毛边），更易于制作，裁片放缝尺寸根据手缝的缝份来计算，一般为0.7~1cm。

第三节　家用纺织品的常用机缝工艺

一、平缝

平缝也叫勾缝或合缝，就是把两层面料正面叠合，按一定的缝头进行缝合。平缝是缝纫工艺中最基本的缝制方法，应用广泛。

操作方法及要求：平缝时一般要用右手稍拉下层，左手稍推上层，避免产生上层"赶"、下层"吃"的现象，使上下层缝片保持平整，如图1-21所示。缝制开始和结束时都要作倒回针，以防线头脱散。一般缝份宽为0.8~1.2cm，线迹密度一般为4针/cm，若将缝头倒向一边烫平称为倒缝，一般用于夹里或衬

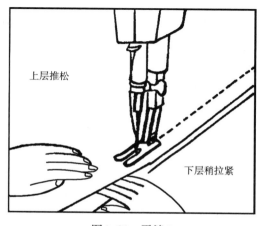

图1-21　平缝1

布；将缝头分开烫平称为分开缝，一般用于面料或零部件的拼接部位，如图1-22所示。

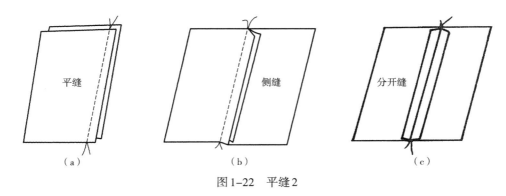

图1-22　平缝2

二、搭接缝

搭接缝指缝份互相搭接缝合，一般应用于暗藏部位。操作方法及要求：将缉缝处互相搭接，所放缝份平行缉缝，叠缝量一般为0.4cm，如图1-23所示。要求缝线顺直，松紧一致。

三、来去缝

来去缝可分来缝和去缝两步进行。第一步做来缝时，将两块布料反面与反面叠合，缉0.3～0.4cm宽的缝份。第二步去缝，将第一步缝份修齐，反折转，布料正面叠合缉线宽0.5～0.6cm，一般用于薄料，如图1-24所示。

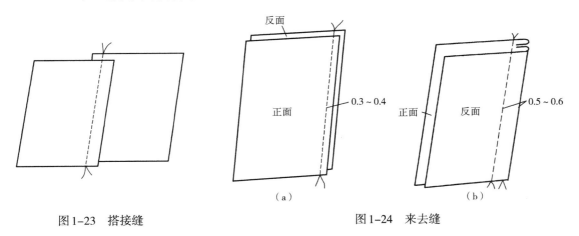

图1-23　搭接缝　　　　　　　　　　　　　　图1-24　来去缝

四、扣缝

扣缝又称扣压缝，常用于侧缝、贴袋等部位。

操作方法及要求：先将面料按照规定的缝份扣倒烫平，再按规定的位置搭接，缉0.1cm宽明线，如图1-25所示。

五、内包缝

内包缝又称反包缠，常用于侧缝等部位。

操作方法及要求：将面料的正面相对重叠，在反面按包缝宽度做成包缝。包缝的宽窄以正面的线迹宽度为依据，有0.4cm、0.6cm、0.8cm、1.0cm等。然后依包缝的宽度在边缘缉0.1～0.2cm宽的一道线。将缝份包转扣齐，翻到正面压第二道线，如图1-26所示。

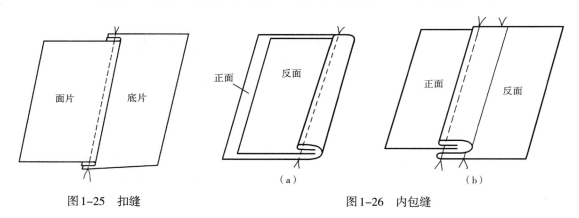

图1-25　扣缝　　　　　　　　　　　　图1-26　内包缝

六、外包缝

外包缝又称正包缝。

操作方法及要求：与内包缝相同，先将面料反面与反面叠合，按包缝宽度做成包缝，然后距包缝的边缘0.1cm缉明线一道，扣转，在正面沿转边缉缝0.1cm的线，如图1-27所示。

七、卷边缝

卷边缝又称折边缝，用途较广，各种简单边均可用此缝法。

操作方法及要求：先将缝片反面朝上，把毛边折转0.5cm左右。根据所需宽度再次折转，沿折光边缉0.1cm线，如图1-28所示。要求缉明线时，一面稍拉紧下层面料，保证线迹平服整齐不起链形。卷边也可装上不同宽度的卷边压脚直接卷。

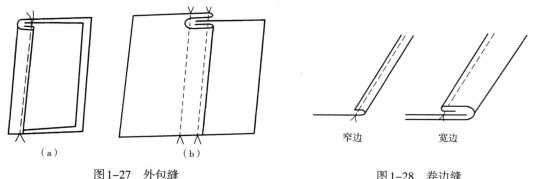

图1-27　外包缝　　　　　　　　　　图1-28　卷边缝

八、贯缝

贯缝也叫落机缝，通常用于口袋、绲边、扣眼等处。

操作方法及要求：先平缝，然后将缠份烫开或倒向一边，接着在缝线上做一道不明显的机缝，目的是缝住下面那层布，如图1-29所示。

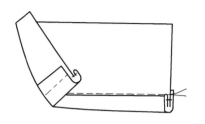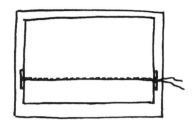

图1-29　贯缝

九、包边缝

包边缝也叫镶边缝或绲边缝，是用45°斜料按一定宽度和形状装在产品边缘部位。缝制时先将斜料毛边折进烫平，然后包住面料边缘，如图1-30所示，沿着斜料折边缉0.1cm止口线。包边缝也可用不同包边宽度的附件比较快捷地辅助完成。

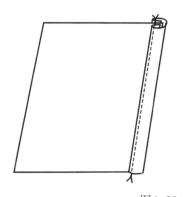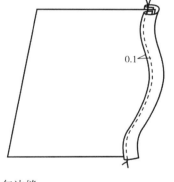

图1-30　包边缝　　　　　　　　　　　　　　视频1-3　机缝工艺基础

十、贴布缝

在家纺设计中经常用到贴布工艺，顾名思义，"贴布"是在一块底布上根据一定的图案设计再贴上另一块布料，然后进行固定，贴布固定的方法包括手缝贴布和机缝贴布，下面介绍机缝贴布的制作步骤与方法。

1.材料准备：贴布图案的1:1画稿、硫酸纸、奇异衬、布料，如图1-31所示。

2.复制画稿：将硫酸纸放在画稿上沿着花样边缘描稿并标注序号，用剪刀剪下花样样板，如图1-32、图1-33所示。

3.奇异衬上画样：把样板反面朝上放在奇异衬光滑的一面，沿着边缘画线（奇异衬也叫布用双面胶），如图1-34所示。

图1-31　材料准备

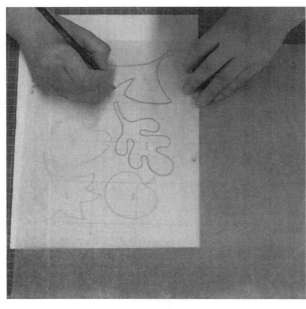

图1-32　描稿

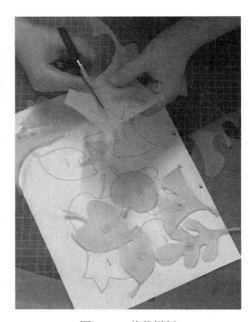

图1-33　裁剪样板

　　4.粘贴布料：把奇异衬分别剪下来，裁剪时沿着花样轮廓边缘放出2mm左右剪下，然后将奇异衬带胶的那面放在需要贴布的布料反面，用熨斗熨烫固定，如图1-35所示。

5.修剪：用剪刀沿着花样边缘精确裁剪，如图1-36所示。

6.贴布：接着将奇异衬背面的纸张撕下，如图1-37所示，把贴布花样放在底布相应位置上，用熨斗熨烫固定。

图1-34　奇异衬上画样

图1-35　粘贴布料

图1-36　修剪

图1-37　贴布

✦ 小知识

　　奇异衬也称布用双面衬，通过奇异衬进行贴布的工艺，能保证贴布花样的准确性，也能起到临时固定的作用，方便机缝贴布，缝制时不易出现变形起绉等现象。

　　这就是通过奇异衬进行贴布的工艺，这种贴布方法能保证花样的准确性，也起到了临时固定的效果，缝制时不会出现变形起皱等现象，比较适合机缝贴布。

　　7.机缝贴布：为了机缝平整，在面料底布熨烫上冷冻纸，然后用机缝工艺进行贴布固定。

　　运用家用多功能缝纫机进行贴布缝的针法有很多，一方面是为了固定贴布面料，另一方面还可以起到装饰的效果，下面运用四种不同的针法来机缝：

（1）选择锯齿形针，调整宽度为3mm，针距为1.2mm，然后沿着贴布边缘进行机缝，注意在转弯处要沿着角度进行旋转，如图1-38所示。

（2）选择E字形针，调整宽度为2.5mm，针距为2mm，然后沿着贴布边缘进行机缝，注意在转弯处要沿着角度进行旋转，如图1-39所示。

图1-38 锯齿形针

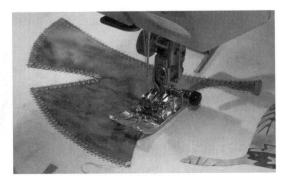

图1-39 E字形针

（3）选择不同的花式针迹机缝贴布边缘，形成不同的装饰效果，如图1-40所示。

（4）采用自由压线，换上直线针板，将压脚换成自由压线专用压脚，放下送布牙，在缝纫机台面上铺上滑溜垫，然后开始进行自由压线，靠手动移动布料达到自由压线的贴布效果，如图1-41所示。

图1-40 花式针迹

图1-41 自由压线

✦ 小知识

滑溜垫是用于自由压线时铺在缝纫机操作台面上更易于滑动布料的薄型垫子，表面比较光滑，背面有黏性可以固定在缝纫机台面上，如果没有滑溜垫也可以进行自由压线。

接下来设计好贴布图案跟着视频一起来练习吧。

视频 1-4　教你学会机缝贴布
做样板

视频 1-5　教你学会机缝贴布
裁剪与熨烫

视频 1-6　教你学会机缝贴布
机缝装饰线迹

思考与练习题

1. 家用纺织品的常用工艺名词有哪些？分别表示什么意思？

2. 家用纺织品制图时常会用到哪些工具？

3. 家用纺织品的制图符号有哪些？分别表示什么意思？

4. 练习家用纺织品的常用手缝工艺。

5. 参考视频制作九宫针插，练习手缝工艺。

6. 练习家用纺织品的常用机缝工艺。

7. 参考视频设计一个贴布图案并制作机缝贴布。

第二章　靠垫的设计与工艺

学习目标

1. 了解常用靠垫面辅料的性能特点，倡导绿色生产和消费，注重环保理念和可持续发展的重要性。
2. 在探索靠垫套的常用工艺方法时，将学习到不同的制作技巧和工艺流程，这不仅是技术的传承与创新，更是培养学生的动手能力和工匠精神，弘扬劳动光荣的社会主义核心价值观。
3. 了解并掌握荷叶边靠垫套、嵌条式靠垫套与压框纽扣式靠垫套的制作方法，掌握靠垫规范化生产流程。
4. 了解并掌握靠垫套的结构制图与工艺单的表达、生产用料的计算等技术要点，培养精细化管理意识，不断提高生产效率和产品质量。

引导语

　　在学习靠垫设计与制作相关知识之前，不仅要关注产品的设计特点、工艺方法和制作技巧，更应该意识到靠垫这一日常用品背后蕴含的文化内涵和社会价值。靠垫不仅是家居生活中的装饰品，还承载着人们对于舒适、美好生活的向往和追求。因此，学习靠垫设计与制作不仅是对技术的掌握，更是对传统手工艺的传承和创新，也是对舒适生活品质的追求，还是对个性时尚化家居氛围的营造。通过学习，可以掌握靠垫的设计特点与生产工艺，传承工匠精神，培养精细化管理意识和团队协作能力。

第一节　靠垫的设计

　　靠垫是由织物经缝制并装有填充物（如纺织纤维或发泡材料等），休息时用作支撑或缓冲的物品。靠垫是现代室内必不可少的装饰品。作为沙发、椅子、床上的附属品，它可以用来调节人体的坐卧姿势，使人体更放松舒适。它的用途极为广泛，既可当枕头，又可抱于怀中；或者直接放置在地毯或地垫上，可坐可靠，还能增加生活情趣。靠垫搬动灵活，可以对室内色彩、风格起到很好的调节作用。

一、靠垫的面料

　　几乎所有的织物都可用于制作靠垫，常用的有印花棉布、色织条格布、灯芯绒、织锦缎、麻织物、毛织物、针织物、化纤提花织物等（图2–1～图2–8）。

图2-1　印花棉布制作的热带丛林靠垫

图2-2　提花锦缎制作的新中式靠垫

图2-3　简洁硬挺的亚麻靠垫

图2-4　皮革装饰的毛织物靠垫

图2-5　盘花绣及绗绣靠垫组合

图2-6　现代中式靠垫

图2-7　牛仔靠垫　　　　　　　　　　　　　　　图2-8　满底毛线绣靠垫

二、靠垫的款式

靠垫的款式设计极其丰富，从造型上看，常见的有方形、长方形和圆形，还有三角形、多角形、圆柱形等，有些仿动物、植物造型的靠垫更是有趣。方形、长方形靠垫能增加室内的庄重感，简单的边框，讲究精致的做工，简洁、大方（图2-9）。圆形靠垫则显得活泼，仿生型的靠垫可增加活泼轻松的气氛，多用于儿童房。

图2-9　简洁精致的方形靠垫

图2-10靠垫的造型非常特异，如星形、仿生形，多层荷叶边的装饰让靠垫更显灵动。

图2-11星空系列靠垫以月亮、星星与钻石为造型，色彩上采用粉、白、灰、蓝的组合，再在深浅层次上相互搭配，表达星空的浪漫。

图2-12萌鼠靠垫模拟可爱萌鼠的造型与色彩进行设计。

图2-13香蕉靠垫则采用仿真手法将香蕉设计成可自由拆分组合的方式，面料选用柠檬黄的绒类面料，充分体现了生活中的仿真艺术美。

图2-10　造型独特的靠垫

图2-11　星空系列靠垫

图2-12　可爱萌鼠靠垫

图2-13　自由拆分组合的香蕉靠垫

　　彩图1南瓜造型靠垫选用零碎面料运用拼布工艺制作而成，不仅体现了仿生造型设计，还充分利用零碎布料进行再创作，体现了绿色环保的设计理念。

　　靠垫常用花边、缉线、绳带、荷叶边、蝴蝶结、盘扣等进行装饰，还可通过面料的镶拼形成内部块面的分割或面料质地的对比。靠垫还常用拼布、贴布、刺绣或绗缝图案进行装饰，彩绣、贴绣、十字绣，手绣或机绣，绗缝等都能形成丰富多彩的效果（图2-14～图2-19，彩图2～彩图4）。

图2-14　带有装饰性绳带的古典靠垫

图2-15　立体盘扣绣靠垫

图2-16　拼布绗缝靠垫

图2-17　贴布串珠绣靠垫

图2-18　棉麻流苏毛线球靠垫

图2-19　面料再造装饰的靠垫

三、靠垫的色彩与图案

单个靠垫的色彩与图案变化自由，但是在与其他空间相配套时要考虑总体的效果，如在室内空间，靠垫体积较小，在色彩与图案的选择上往往要与大面积的沙发或地毯、窗帘等织物形成一定的对比关系。如图案花哨的沙发配上素雅的靠垫、素雅的沙发则配以花纹明显的靠垫；灰色沙发则可采用较鲜艳色彩的靠垫。

图2-20纯色深色沙发配以浅色条纹或花卉靠垫，自然清新、造型简单，令人感到舒适温馨。

图2-21质朴而现代的拼布设计沙发，搭配红色、灰色，或美式的几何靠垫，撞色的视觉效果给空间平添了一份俏皮的时尚感。

图2-20　纯色深色沙发搭配浅色条纹或花卉靠垫

图2-21　拼布设计沙发搭配美式简约靠垫

图2-22颜色鲜明的黄色沙发配上本色棉麻的北欧印花靠垫点缀其中，清爽而有灵气，现代而不失个性表现，使居家更温馨而时尚。

图2-23将果汁粉色与淡绿色的靠垫结合，辅以精致的刺绣工艺与花边装饰，可以与卧室柔和的背景相结合，给人以温馨浪漫的感受。

图2-22 黄色沙发与北欧棉麻靠垫　　　　图2-23 简约的靠垫搭配精致的刺绣

第二节 荷叶边靠垫套的结构与工艺

一、外形概述

靠垫四周用荷叶边装饰，背面装拉链，样品如图2-24所示，结构如图2-25所示。此靠垫套所用到的材料包括小提花棉布与拉链，棉布手感柔软舒适，光泽自然柔和，有较好的吸湿透气性能与染色性能，棉布还具有较好的耐洗涤性、耐老化性能，且不易虫蛀，是理想的靠垫材料，小提花织造工艺又使布面出现别致精巧的色织提花花纹。

图2-24 荷叶边靠垫套

正面　　　　　　　　　　　　背面

图2-25　靠垫结构图

二、绘制结构图

成品规格为（50+5+5）cm×（50+5+5）cm，根据样品绘制平面效果图与平面结构图，以下图中数字单位为厘米（cm），如图2-26所示。

A布：棉布（162cm幅宽）

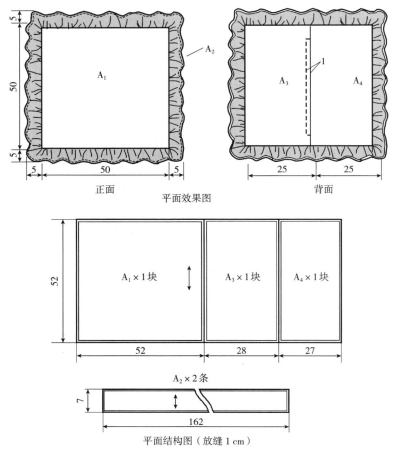

图2-26　靠垫套的平面效果图与平面结构图

三、排料

A布采用三只靠垫套套排的形式，排料图如图2-27所示。

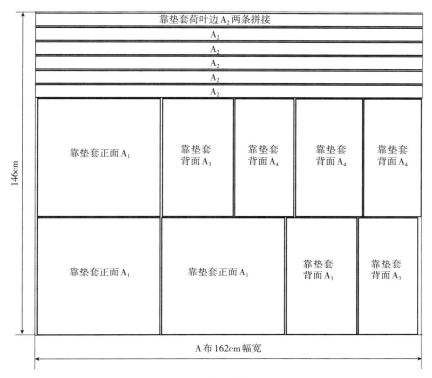

图2-27　靠垫套排料图

四、用料计算

批量生产此靠垫套的棉布单件用料为：$146 \div 3 = 48.67$（cm）

单件用料见表2-1。

表2-1　批量生产靠垫套的单件用料

原辅料及规格	耗用	损耗（2%）	实际耗用
A布162cm幅宽	48.67cm	0.98cm	49.65cm
拉链	46cm长1根	—	46cm长1根

五、成品质量要求

1.成品外观无破损、针眼及严重织疵，色织条纹偏差不超过0.5cm。

2.成品无跳针、浮针、漏针、脱线。

3.针迹密度为12针/3cm。

4.缝纫轨迹匀、直、牢固，卷边拼缝平服齐直，宽窄一致，不露毛；接针套正，边口处打回针2～3针。

5.拼缝处缝份为1cm，成品规格误差小于1cm。

6.抽裥部分要均匀。

7.拉链缝制平服、不起链、不起拱。

六、重点与难点

1.了解棉织物的性能特点。

2.缝纫轨迹与缝头的控制。

3.拉链的缝制。

4.靠垫套抽裥部分的制作。

5.靠垫套工艺单的表达，用料计算。

七、工艺流程

检查裁片、验片——>做褶裥裙边——>装拉链——>拼合面、底布——>整烫——>检验

八、制作步骤

1.先将面料熨烫平整，缩水率大的面料要先进行预缩，再熨烫平整。

2.排料：将面料平铺展开，按照排料图进行排料并用画粉画好轮廓线（注意面料的丝缕方向）。

3.裁剪：沿画好的排料图轮廓线依次将裁片裁剪下来备用。

4.开始制作：调整好平缝机状态，使线迹良好，针迹密度为12针/3cm，使用与面料色彩相近的缝纫线。

5.先做荷叶边：将A_2两条平缝拼接成一环形，一侧卷边0.5cm（图2-28），卷边时可以用卷边压脚来制作；另一侧沿边0.8cm进行抽裥（图2-29），抽裥时可以用抽裥压脚来制作，也可以用普通压脚将针距调至最大，缉线后手工进行抽拉，抽裥成周长200cm的环形。

6.将已抽裥好的荷叶边与A_1正面相对按1cm缝头进行缝合（图2-30），注意在拐角处裥量稍微大些。

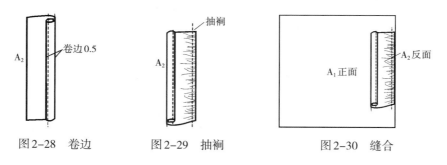

图2-28 卷边　　　　图2-29 抽裥　　　　图2-30 缝合

7.然后准备装拉链，将背面A_3与A_4要装拉链一侧先拷边，拷边后A_3、A_4正面相对，如图2-31所示，错开1cm，按1cm缝头两端各缝3cm固定。

8.装拉链：将 A_3、A_4 缝头展开，正面朝上，拉链放在缝头下面靠 A_3 一侧，然后沿着 A_4 一侧的净缝线缉0.1cm止口线直到另一端的拼合封口处；再将 A_3 按净缝线折好，沿着净缝线并盖住拉链1cm处缉一明线，注意在拉链的两端横向要打倒回针，如图2-32所示。

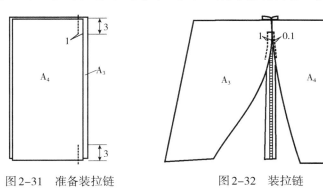

图2-31　准备装拉链　　　　　图2-32　装拉链

9.将另一片周边已缝好荷叶边的 A_1 与缝好的 A_3、A_4 缝合，如图2-33所示两片正面相对，沿边车缝1cm。注意缝制时先将背面拉链拉开一段，以便缝合后翻出正面。

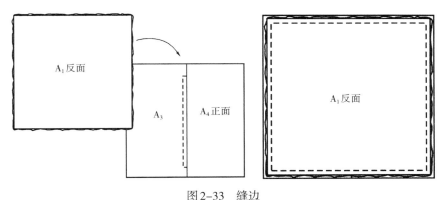

图2-33　缝边

10.最后四周进行拷边，剪净线头并翻出正面，熨烫平整。

视频2-1　荷叶边靠垫套的制作1　　　视频2-2　荷叶边靠垫套的制作2

第三节　嵌条式靠垫套的结构与工艺

一、外形概述

靠垫套四周装嵌条，背面装拉链，样品如图2-34所示，平面结构如图2-35所示。此靠垫套所用到的材料包括府绸织物、拉链与帽带，府绸织物是一种高支高密的平纹或小提花织物，其经向密度大，经纬向密度比约为5∶3，常见的府绸规格为40S×40S、133（根/英寸）×72（根/英寸）或110（根/英寸）×90（根/英寸）等。府绸织物外观细密，经纬纱排列整齐，纱线条干均匀，布面光洁匀整，颗粒清晰丰满，手感柔软挺滑，具有丝绸感，常用于中高档家用纺织品的制作。另外由于府绸的经密比纬密大得多，故在织物中纬纱较平直、经纱屈曲较大，织物表面有经纱凸起的部位形成菱形颗粒。

图2-34　靠垫样品图

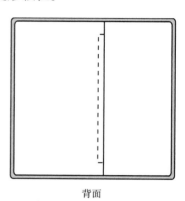

图2-35　靠垫平面结构图

二、绘制结构图

成品规格为45cm×45cm，根据样品绘制平面效果图与平面结构图，以下图中数字单位为厘米（cm），如图2-36所示。

A布：印花府绸（150cm幅宽）

B布：棉布色布（150cm幅宽）

三、排料

1.靠垫套面料A布的排料图如图2-37所示（为合理省料，可选择三只靠垫套套排的方法）。

2.B布为斜料，以45°斜角进行排料，如图2-38所示。

四、用料计算

批量生产此靠垫套的单件生产用料计算方法：

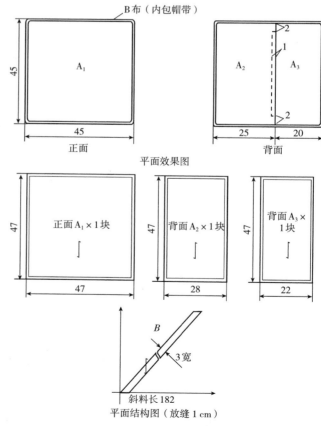

图2-36　靠垫套的平面效果图与平面结构图

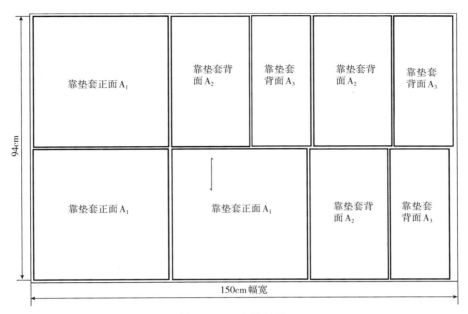

图2-37　A布排料图

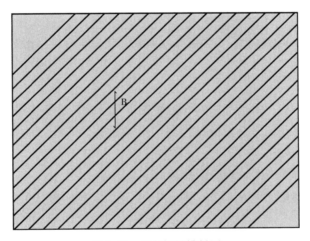

图2-38　B布斜料排料图

印花府绸（A布）用料为：94÷3=31.34（cm）

棉布色布（B布）用料为：182×3÷150=3.64（cm）

单件用料见表2-2。

表2-2　批量生产靠垫套的单件用料

原辅料及规格	耗用（cm）	损耗（2%）（cm）	实际耗用（cm）
A布150cm幅宽	31.34	0.63	31.97
B布150cm幅宽	3.64	0.08	3.72
拉链	43cm长1根	—	43cm长1根
φ0.3cm帽带	180	3.6	183.6

五、成品质量要求

1.拼缝处缝份为1cm，成品规格误差小于1cm。

2.针迹密度为12针/3cm；缝纫轨迹匀、直、牢固，卷边拼缝平服齐直，宽窄一致，不露毛；接针套正，边口处打回针不少于3针。

3.装嵌条处要松紧、宽窄一致，嵌条圆顺饱满、接口隐藏良好。

4.拉链缝制平服、不起链、不起拱。

5.成品外观无破损、针眼及严重印花染色不良，印花图案位偏不超过2cm。

6.成品无跳针、浮针、漏针、脱线。

六、重点与难点

1.了解府绸织物的性能特点。

2.靠垫套嵌条的缝制。

3.靠垫套拉链的缝制。

4.靠垫套工艺单的表达方法，用料计算。

七、工艺流程

检查裁片、验片──▶装拉链──▶做嵌条──▶拼合面、底布──▶整烫──▶检验

八、制作步骤

1.先将面料熨烫平整，缩水率大的面料要先进行预缩，再熨烫平整。

2.排料：将面料展开铺平，按照结构图与排料图进行排料，注意丝缕方向，用画粉勾画轮廓。

3.裁剪：沿画好的排料图轮廓线依次裁剪下来备用。

4.开始制作：调整好平缝机状态，使线迹良好，针迹密度为12针/3cm，使用与面料色彩相近的缝纫线。

5.装拉链：背面A_2、A_3之间装拉链，要装拉链两边先拷边，制作方法可参考图2-39、图2-40。

6.装嵌条：A_1布正面朝上，B布斜条包住帽带以1cm缝份沿边车缝，如图2-41所示，在拐角处斜条剪一刀口，便于转弯圆顺。注意帽带接口处隐藏良好。

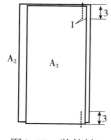

图2-39　装拉链1

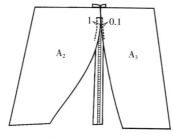

图2-40　装拉链2

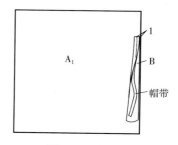

图2-41　装嵌条

> ✦ **小提示**
>
> 　　制作嵌条的面料要用斜料，斜料具有良好拉伸性能，在转角处能缝合良好，斜料宽度根据布料厚度与帽带粗细而定。

7.然后将正面与背面缝合，如图2-42所示，正面相对，在反面沿边1cm车缝。

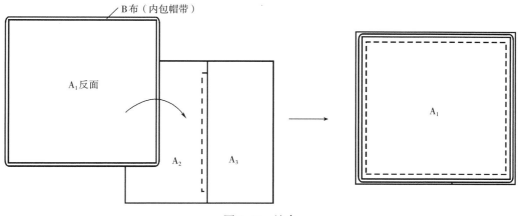

图2-42　缝合

8.最后四周毛边处进行拷边，剪净线头并翻出正面，熨烫平整。

视频2-3　嵌条靠垫的制作

第四节　压框纽扣式靠垫套的结构与工艺

一、外形概述

　　靠垫套四周压边框，背面开口处装纽扣，样品如图2-43所示，结构如图2-44所示。此靠垫套所用到的材料包括麻织物与木纽扣，麻织物手感滑爽、外观挺括、透气性好，大都采用平纹组织，还有重平或方平组织等。也有采用平纹地小提花组织，有些再加上印花工艺等使得产品品种更加丰富。木质纽扣淳朴自然，与麻织物本身的粗犷、质朴风格相协调。

图2-43　样品图

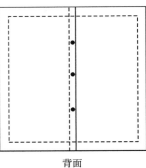

正面　　　　　　背面

图2-44　结构图

二、绘制结构图

靠垫套成品规格为（50+5）cm×（50+5）cm，实际可填充靠垫芯的尺寸为50cm×50cm，周边加5cm边框根据样品绘制其平面效果图与平面结构图（图2-45），以下图中数字单位为厘米（cm）。

A布：麻织物（150cm幅宽）

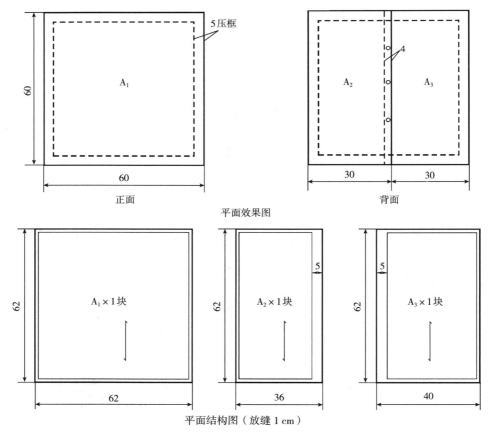

平面效果图

平面结构图（放缝1cm）

图2-45　靠垫套的平面效果图与平面结构图

三、排料

靠垫套面料A布的排料图如图2-46所示。

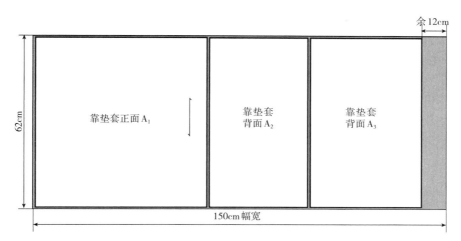

图2-46 排料图

四、用料计算

批量生产此靠垫套的单件用料计算如下：

麻织物（A布）用料为：62÷1=62（cm），边上有12cm宽的余料。

单件用料见表2-3。

表2-3 批量生产靠垫套的单件用料

原辅料及规格	耗用	损耗（2%）	实际耗用
A布150cm幅宽	62cm	1.24cm	63.24cm
ϕ2cm木纽扣	3颗	—	3颗

五、成品质量要求

1.拼缝处缝份为1cm，成品规格误差小于1cm。

2.针迹密度为12针/3cm；缝纫轨迹匀、直、牢固，卷边拼缝平服齐直，宽窄一致，不露毛；接针套正，边口处打回针2~3针。

3.钉纽扣处位置正确、上下左右对齐。

4.四周压框线迹均匀平直，偏差不超过0.5cm。

5.成品外观无破损、针眼及严重染色不良。

6.成品无跳针、浮针、漏针、脱线。

六、重点与难点

1.了解麻织物的性能特点。

2.靠垫套压框的缝制。

3.纽扣的缝制与安装。

4.靠垫套工艺单的绘制、用料计算。

七、工艺流程

检查裁片、验片——→装纽扣——→拼合面、底布——→整烫——→压框——→检验

八、制作步骤

1.先将面料熨烫平整，缩水率大的面料要先进行预缩，再熨烫平整。

2.排料：将面料展开铺平，按照结构图与排料图进行排料，注意丝缕方向，用画粉勾画轮廓。

3.裁剪：沿画好的排料图轮廓线依次裁剪下来备用。

4.开始制作：调整好平缝机状态，使线迹良好，针迹密度为12针/3cm，使用与面料色彩相近的缝纫线。

5.卷边装纽扣：背面 A_2、A_3 分别卷边4cm，缝头折进1cm，然后按照要求标注间隔距离，卷边处左右居中在 A_2 一侧锁扣眼，在 A_3 一侧钉纽扣，如图2-47所示（单位为cm）。

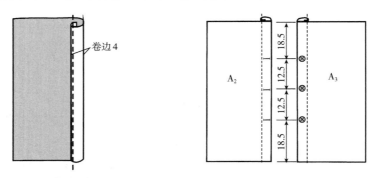

图2-47　卷边装纽扣

6.将靠垫套正反面缝合，面料正面相对，将 A_1 与 A_2、A_3 以1cm缝头缝合，注意 A_2、A_3 在卷边钉纽扣处重叠4cm，如图2-48左图所示。

7.翻出正面将边缘处熨烫平整，注意止口不能翻吐，最后在靠垫正面沿边5cm处四周压框，如图2-48右图所示。

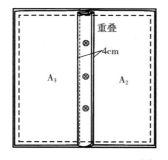
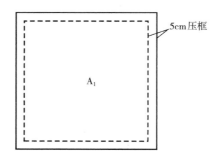

图2-48　正反面缝合与熨烫

✦ 小提示

靠垫套从反面翻出正面时四角先按缝份折叠成直角，再翻出正面，这样靠垫四个角落里的缝份会折叠整齐。

视频2-4 纽扣靠垫的制作

第五节 新中式流苏挂坠长方枕靠垫

一、外形概述

靠垫套为长方形，正面由三块面料组合而成，在拼缝处加流苏挂坠做装饰，样品如图2-49所示，结构如图2-50所示。此靠垫套所用到的材料包括色织大提花织物、加密色丁及流苏挂坠，提花织物手感滑爽、外观挺括、立体成型性好，加上金色的加密色丁及流苏挂坠更是增加了产品的质感。

图2-49 样品图

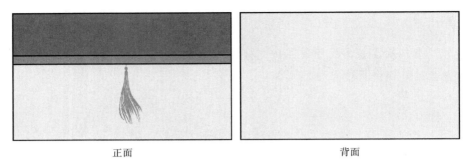

| 正面 | 背面 |

图2-50　结构图

二、绘制结构图

靠垫套成品规格为30cm×50cm，根据样品绘制其平面效果图与平面结构图（图2-51），图中数字单位为厘米（cm）。

A布：大提花织物（150cm幅宽）

B布：加密色丁（150cm幅宽）

C布：加密色丁（150cm幅宽）

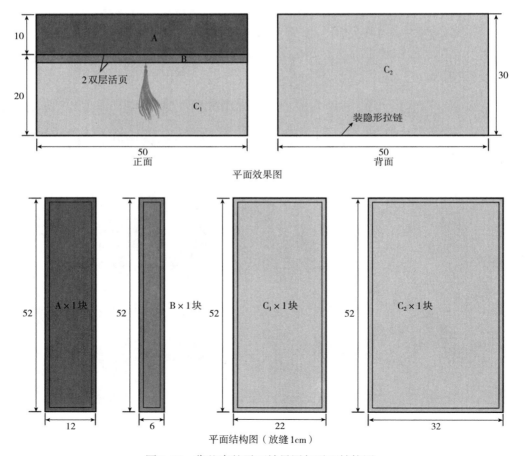

图2-51　靠垫套的平面效果图与平面结构图

视频2-5　流苏靠垫的制作1　　　　视频2-6　流苏靠垫的制作2

思考与练习题

1.靠垫套的造型设计包括哪些常见类型？

2.制作荷叶边靠垫套并绘制工艺单。

3.制作嵌条式靠垫套并绘制工艺单。

4.制作压框式靠垫套并绘制工艺单。

5.设计并制作一组靠垫，数量4~5个，设计风格与工艺方法自定，要求附设计说明，并绘制其生产工艺单（包括平面效果图、平面结构图、排料图、用料表与工艺要求等）。

6.结合视频，设计并制作一个拼色嵌线靠垫套。

视频2-7　熨烫裁剪　　视频2-8　靠垫正面　　视频2-9　靠垫背面　　视频2-10　靠垫正
　　　　　　　　　　　　的拼缝　　　　　　拉链的缝制　　　　　反面的缝合

第三章　坐垫的设计与工艺

▌引导语▐

　　坐垫作为日常生活中常见的家居用品，不仅在功能上提供舒适的坐感，还在美观
上起到装饰作用。本章将详细介绍坐垫的设计与工艺，通过对不同款式的坐垫学习和
实践，掌握坐垫的制作流程与技巧。同时，将探讨坐垫设计中的文化元素，体会工艺
美术中的文化传承与创新。在学习过程中，将注重培养学生的动手能力和创造力，增
强对传统文化的认同感和自豪感，为未来的职业发展奠定坚实基础。

第一节　坐垫的设计

　　坐垫是指由织物经缝制并装有填充物（如纺织纤维或发泡材料等），用作休息时作支
撑或缓冲的物品。坐垫经常铺设于椅子上、凳子上、沙发上等，有些直接放在地上，能让
人在坐时增加舒适感，尤其是在秋冬季还能起到保暖的作用。坐垫从使用空间上可分为沙
发坐垫、椅凳坐垫、汽车坐垫等。

一、坐垫的材料

　　用于制作坐垫的材料多种多样，主要分为坐垫套面料与辅料，坐垫套面料要求有较好
的耐磨性，常用的有印花或色织棉布、帆布、涤棉、亚麻、羊毛、化纤、毛绒等。坐垫辅
料包括装饰性辅料与填充物，装饰性辅料主要有装饰绳带、流苏、花边、纽扣等；填充物
的材料主要有海绵、喷胶棉、三维卷曲涤纶纤维（简称PP棉）、发泡材料及其他可填充材
料等，不同的填充物对坐垫的造型也不同，从而形成不同的外观效果。市场上根据材料与
工艺不同把坐垫分成很多类别，常见的有海绵垫、充棉垫、馒头垫、羊毛垫、编织垫、丙

纶垫等，如图3-1～图3-6所示。

图3-1　绣花海绵垫

图3-2　拼布充棉垫

图3-3　馒头垫

图3-4　羊毛垫

图3-5　编织垫

图3-6　丙纶垫

二、坐垫的款式

　　从外形上看，坐垫的款式设计常见的有方形、长方形、圆形、椭圆形等（图3-7），也有些根据椅子、沙发的形状定制设计（彩图5、彩图6），还可以根据动植物的造型进行仿生设计。坐垫由于其使用功能要求都有一定的厚度，厚度视需要而定，一般用于椅子或凳子上的坐垫厚度在1～3cm，用于木质沙发或藤质沙发上的坐垫比较厚，有10～15cm厚，视沙发的高度设计而定，但也有些沙发坐垫高度设计成5cm以下的。

　　从装饰工艺上坐垫常会配一些绳带、流苏、花边等，有些采用刺绣、绗缝、印花、手绘、抽纱等各种技法增加美感（彩图7、彩图8），也能迎合越来越多追求个性化消费的需求（图3-8）。还可以通过面料的拼接实现结构变化，如馒头垫就是典型的将面料花型打散再进行重新组合的款式设计（彩图9），馒头垫的设计可以采用多种形状与丰富的配色，为设计者提供了无限的想象空间（图3-9～图3-12）。此外，坐垫根据使用要求经常在一端缝上系带，以便与椅子较好地固定，不易滑落（图3-13）。

图3-7　长方形与圆形坐垫

图3-8　馒头垫与花朵靠垫

图3-9　拼布绗缝坐垫

图3-10　炫彩馒头垫

图3-11　不同配色的方形馒头垫

图3-12　八角形花式馒头垫

图3-13　用来固定的绷带设计

三、坐垫的色彩与图案

坐垫的色彩与图案视使用空间与居室风格而定，在餐厅系列中坐垫经常与台布、餐垫及餐桌的特点进行配套设计，在客厅系列中又常与沙发的色彩、材质及客厅风格进行配套。

图3-14的编织坐垫配色源自色织台布的两组色系，与台布融为一体。

图3-15素雅洁净的条纹配合简洁的款式搭配木质餐桌，尽显淳朴自然。

彩图10的紫色条纹坐垫与印花窗帘、台布及紫色椅套进行配套，这是一组典型的同色系设计，在统一中寻求变化。

彩图11的坐垫与餐厅系列配套，设计元素来源于海洋、沙滩、贝壳，馒头垫的配色采用了海水的深浅蓝色、沙土黄以及水草绿，排列成斜线条犹如一股股海浪冲击着午后阳光照耀下的黄金海岸。

彩图12藤质沙发上的绿色条纹坐垫与客厅的窗帘、靠垫相呼应，和谐自然，营造出一幅浪漫悠闲的田园景象。

图3-14　与台布同色系设计　　　　　图3-15　素净的条纹与木质家居搭配

第二节　海绵垫的结构与工艺

海绵垫的填充物以海绵为主，有时为了增加坐垫表面的饱满度，可在海绵表面再覆盖一层喷胶棉，表面更显饱满、成型更好、手感也更舒适。为了更美观，还可以在织物表面进行装饰，如采用印花、抽纱、绣花等工艺。海绵垫在设计外形时以方形为主，也有圆形、梯形及其他的形状以适合不同的椅子使用，还有的直接根据椅子的形状进行定做，以达到更合适的效果。由于填充物海绵具有较好的硬挺度，在设计面料样板时要注意放样大小，面料太大则填充后有空隙，显得不够饱满，面料太小填充进海绵后太紧会使产品起翘、不平服。有些海绵垫想要达到比较柔软，表面呈现出较强的凹凸效果，这时在填充物的选择上可采用中间一层海绵，上下两边用比较厚的喷胶棉或适量的PP棉填充，再在坐垫上面固定几处，以起到较好的装饰与固定作用，如彩图5所示。如果海绵厚度在5cm以上，建议侧面做成立体的，这样成型才比较好。

下面以一个方形海绵垫为例介绍它的结构特点与工艺方法。

一、外形概述

正方形海绵垫，四周装嵌条，一侧装有两对绷带，如图3-16所示，结构如图3-17所示。此海绵垫所用到的材料包括卡其布、海绵、喷胶棉与帽带，卡其布有单面卡其与双面卡其之分，单面卡其一般采用3上1下斜纹组织，因此在它的正面斜纹线粗而明显，反面斜纹线条不明显；双面卡其多数采用2上2下斜纹组织，正反两面的纹路相同。卡其布质地紧密而结实，耐磨性较好。海绵与喷胶棉手感柔软，具有较好的成型能力，是理想的填充物材料。

图3-16　正方形海绵垫

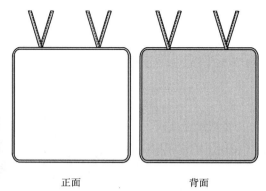

正面　　　　　　　　背面

图3-17　海绵垫结构图

二、绘制结构图

海绵垫成品规格为45cm×45cm。根据样品绘制其平面效果图与平面结构图，如图3-18所示，以下数字单位为厘米（cm）。

结构图说明：海绵的厚度为3cm，A布与B_1布除了每边放缝1cm外，还需加放海绵厚度的余量，为了使海绵垫边缘成型良好，3cm厚的海绵面料每边放量为2cm，所以44cm宽的海绵，面料放缝后的宽度为48cm。

A布：卡其布（150cm幅宽）

B布：卡其布（150cm幅宽）

喷胶棉：195cm幅宽

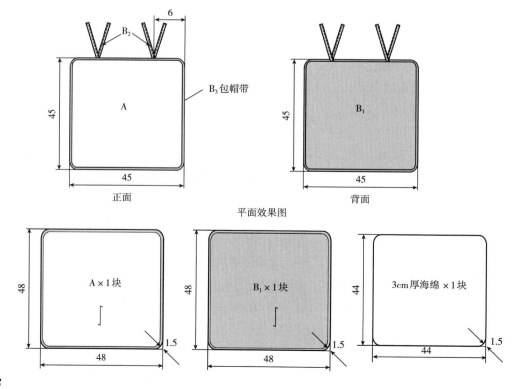

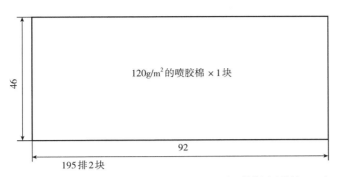

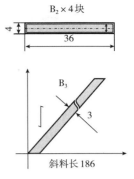

平面结构图（放缝 1 cm）

图 3-18　海绵垫平面效果图和平面结构图

三、排料

A 布排料图如图 3-19 所示，150cm 幅宽上能排 3 块。

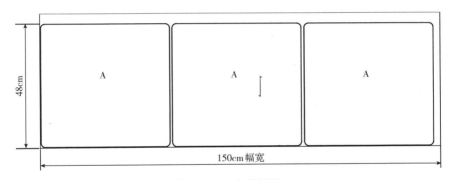

图 3-19　A 布排料图

B 布除 B₃ 外排料图如图 3-20 所示，进行三只套排。B₃ 斜料以 45°角进行排料，参考图 2-40 的斜料排料方法。喷胶棉的排料已在结构图中说明，195cm 幅宽排 2 块。

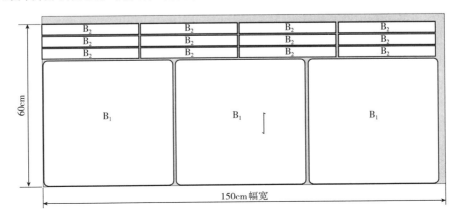

图 3-20　B 布排料图

四、用料计算

根据海绵垫的结构图与排料图计算批量生产此海绵垫的单件用料如下：

A布用料：48÷3=16（cm）

B布用料：60÷3+186×3÷150=23.72（cm）

喷胶棉用料：46÷2=23（cm）

单件用料见表3-1。

表3-1　海绵垫单件用料

原辅料及规格	耗用（cm）	损耗（2%）（cm）	实际耗用（cm）
A布150cm幅宽	16	0.32	16.32
B布150cm幅宽	23.72	0.48	24.2
120g/m²喷胶棉 195cm幅宽	23	0.46	23.46
3cm厚海绵	44×44　1块	—	44×44　1块
帽带 ϕ0.3cm	184	3.7	187.7

五、成品质量要求

1.成品外观无破损、针眼及严重染色不良。

2.成品无跳针、浮针、漏针、脱线。

3.针迹密度为12针/3cm。

4.缝纫轨迹匀、直、牢固，卷边拼缝平服齐直，宽窄一致，不露毛；接针套正，边口处打回针2～3针。

5.拼缝处缝份为1cm，成品规格误差小于1cm。

6.嵌条圆顺、接口隐藏良好，绷带位置准确。

7.封口处暗针隐藏良好，成品成型良好。

六、重点与难点

1.了解卡其布的性能特点。

2.海绵垫嵌条与绷带的制作。

3.封口处手缝暗缲针的缝制。

4.海绵垫工艺单的表达，用料计算。

七、工艺流程

检查裁片、验片──→做绷带──→装嵌条、绷带──→拼合面、底布──→填充海绵与喷胶棉──→手缝封口──→检验

八、制作步骤

1.先将面料熨烫平整，缩水率大的面料要先进行预缩，再熨烫平整。

2.排料：将面料平铺展开，按照排料图进行排料并用画粉画好轮廓线（注意面料的丝缕方向）。

3.裁剪：沿画好的排料图轮廓线依次将裁片裁剪下来备用。

4.开始制作：调整好平缝机状态，使线迹良好，针迹密度为12针/3cm，使用与面料色彩相近的缝纫线。

5.先将4根B_2面料分别做成4根一端封口的带子备用，缝制时将两边毛边折进1cm后对折，沿着边缘0.1cm压明线，如图3-21所示。

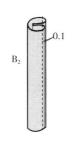

图3-21　压明线

6.然后将缝纫机压脚换成单边压脚装嵌条，A布正面朝上，B_3斜条包住帽带以1cm缝头沿边车缝，如图3-22所示。注意帽带接口不要位于转角处，接口处帽带对接，斜条毛边折进将帽带包好，注意接口隐藏良好。

7.再将B_2与A布固定，4根B_2分别固定在距两侧边毛边7cm处，如图3-23所示，每边各两根，注意B_2绷带位置用倒回针加固。

8.接着将底布B_1与A布缝合，B_1与A布正面相对，反面朝上，缝制时仍用单边压脚沿边1cm车缝，注意在两组绷带中间空出30cm留口，起落针打倒回针，如图3-24所示。

9.再翻出正面塞填充物，将喷胶棉上下包住海绵从留口处塞进坐垫套里，填充物整理平服，最后将30cm宽的封口处用手缝暗缲针缝合，如图3-25所示。

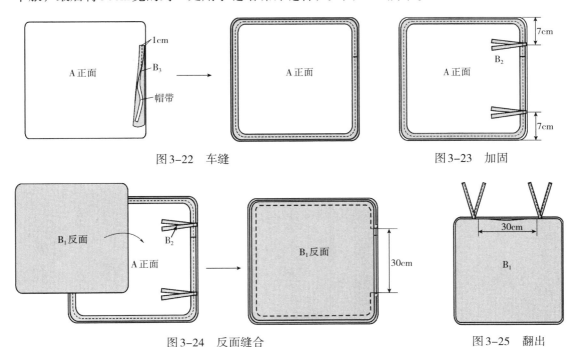

图3-22　车缝　　　　　　　　　图3-23　加固

图3-24　反面缝合　　　　　　　图3-25　翻出

视频3-1　海绵坐垫的制作

第三节　充棉垫的结构与工艺

充棉垫的填充物主要采用三维卷曲涤纶（简称PP棉），PP棉可填充各种形状的坐垫套，但容易滑动，所以在边角处常处理成圆角，在坐垫中间固定几个点起到装饰与定型作用。充棉垫面料宜采用柔软舒适、耐磨性好的全棉、涤棉等，在造型设计上可选用各种印花布，或采用绣花、拼布、绗缝等工艺进行装饰，在边缘处常采用嵌条或荷叶边处理，使产品更显精致与美观，为了与椅子能较好地固定也要在一侧装上绷带，如图3-26所示。

图3-26　充棉垫

下面以一个方形充棉垫为例介绍它的结构特点与工艺方法。

一、外形概述

充棉垫四周装嵌条，一侧装两对绷带，样品如图3-27所示，结构如图3-28所示。此充棉垫所用到的材料包括印花平布、平布色布、帽带与PP棉。平布表面平整光洁，均匀丰满，平布又可分为细平布、中平布与粗平布。细平布布身轻薄，平滑细腻，手感柔韧，具有棉纤维的天然光泽，布面的杂质也较少。中平布的质地与外观介于粗平布与细平布之间。粗平布质地一般比较粗糙，它的优点是布身厚实，坚牢耐穿。制作充棉垫可先用中平布或粗平布。PP棉手感柔软、具有较好的回弹性、价格适中，是理想的填充物材料。

图3-27　正方形充棉垫

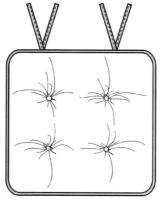
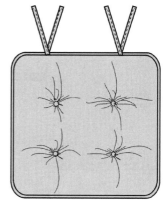

正面　　　　　　　　　　　　背面

图3-28　正方形充棉垫结构图

二、绘制结构图

充棉垫成品规格为45cm×45cm。根据样品绘制其平面效果图与平面结构图，如

图3-29所示。以下数字单位为厘米（cm）。

　　A布：印花平布（150cm幅宽）

　　B布：平布色布（150cm幅宽）

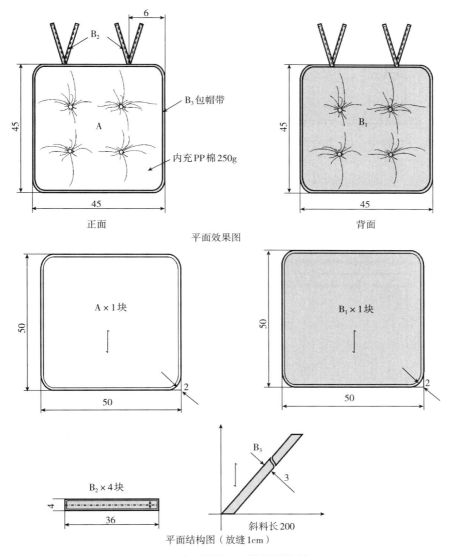

图3-29　平面效果图和结构图绘制

✦ 小提示

　　结构图说明：

　　由于充棉后坐垫变厚，规格会缩小，所以要做成品为45cm宽的坐垫，面料除了缝制毛边放缝外，还要再放宽至50cm较为合适。

三、排料

A布排料图如图3-30所示。

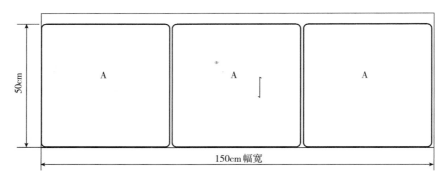

图3-30　A布排料图

B布除B₃外排料图如图3-31所示，进行三只套排。B₃斜料以45°角进行排料，参考图2-40靠垫套的斜料排料方法。

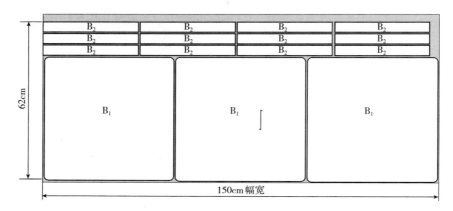

图3-31　B布排料图

四、用料计算

根据充棉垫的结构图与排料图计算单件用料：

A布用料：$50 \div 3 = 16.67$（cm）

B布用料：$62 \div 3 + 200 \times 3 \div 150 = 24.67$（cm）

单件用料见表3-2。

表3-2　充棉垫单件用料

原辅料及规格	耗用	损耗（2%）	实际耗用
A布150cm幅宽	16.67cm	0.34cm	17.01cm
B布150cm幅宽	24.67cm	0.49cm	25.16cm
PP棉	250g	5g	255g
帽带 ϕ0.3cm	192cm	4cm	204cm

五、成品质量要求

1.成品外观无破损、针眼及严重染色不良。

2.成品无跳针、浮针、漏针、脱线。

3.针迹密度为12针/3cm。

4.缝纫轨迹匀、直，缝线牢固，卷边拼缝平服齐直，宽窄一致，不露毛；接针套正，边口处打回针2～3针。

5.拼缝处缝份为1cm，成品规格误差小于1cm。

6.嵌条圆顺、接口隐藏良好，绷带位置准确。

7.充棉均匀，成品成形良好。

六、重点与难点

1.了解平布的性能特点。

2.充棉垫嵌条与绷带的制作。

3.封口处压线缝合。

4.充棉垫工艺单的表达，用料计算。

七、工艺流程

检查裁片、验片━━━做绷带━━━装嵌条、绷带━━━拼合面、底布━━━车缝固定点━━━充棉━━━封口━━━检验

八、制作步骤

1.制作充棉垫套子的步骤与海绵垫相近，不同之处是在拼合面底布时留口16cm长，如图3-32所示，其他参考海绵垫套子的制作方法。

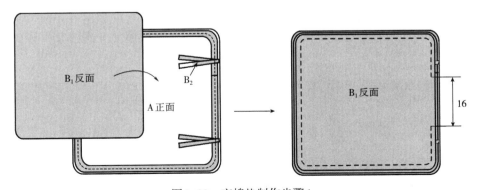

图3-32　充棉垫制作步骤1

2.翻出坐垫套正面，展开铺平，在坐垫套中间三等份处各车缝4个直径为1cm的圆固定住正反面，再从留口处塞入PP棉250g，注意充棉均匀，最后将封口处压0.1cm止口线，用单边压脚缝合，如图3-33所示。

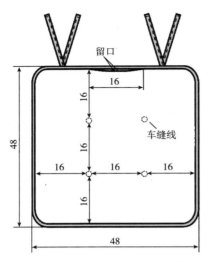
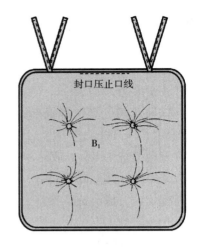

图3-33　充棉垫制作步骤2

视频3-2　充棉垫的制作

第四节　馒头垫的结构与工艺

馒头垫在结构变化与配色上非常自由，可以根据自己的设计改变形状，如方形间色设计、方形斜条或回形纹样设计、八角形拼花设计、双环形设计等，还能与绣花图案等实现部分馒头效果，如图3-34、图3-35所示，可以充分发挥设计者的想象力。馒头垫结构上的一个共同特点是在上下两层布块中间填充上适量的PP棉，使其丰满凸起，形似一个个馒头而得名。

图3-34　八角形拼花设计坐垫

图3-35　双环形设计坐垫

下面以一个方形间色的馒头垫为例介绍其结构特点与工艺方法。

一、外形概述

方形坐垫分隔成若干个方形馒头块，四周装抽裥荷叶边，一侧装绷带，样品如图3-36所示，结构如图3-37所示。此馒头垫所用到的材料包括印花棉布与色布、涤棉衬里与PP棉。

图3-36　馒头垫外形

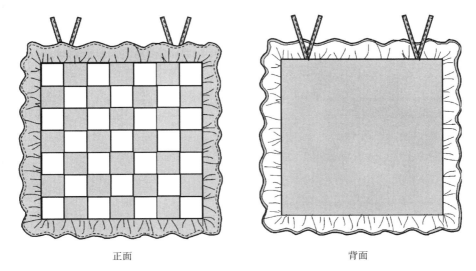

正面　　　　　　　　　　　　　　　　　　　　背面

图3-37　馒头垫结构图

二、绘制结构图

成品规格：（45+5）cm×（45+5）cm，根据样品绘制其平面效果图与平面结构图，如图3-38所示，图中数字单位为厘米（cm）。

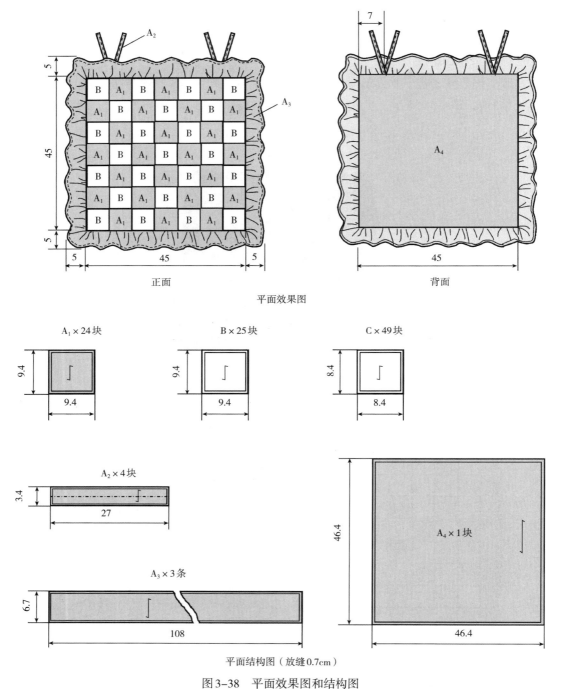

正面 背面

平面效果图

A₁×24块 B×25块 C×49块

A₂×4块

A₃×3条

A₄×1块

平面结构图（放缝0.7cm）

图3-38 平面效果图和结构图

A布：印花棉布（108cm幅宽）

B布：全棉色布（108cm幅宽）

C布（衬里）：涤棉本白布（150cm幅宽）

✦ 小知识

结构图说明：

1.馒头垫由于充棉后馒头拼块部分会有8%~10%的缩率，因此在结构制图时先将成品尺寸从45cm放到49cm，把馒头块每边分成七块，每块大小为7cm×7cm。

2.A_1在每边放缝0.7cm的基础上还要再放打裥量1cm，因此A_1放量后毛样大小为9.4cm×9.4cm。

三、排料

A布排料图：为了更加充分合理地利用余料，采用两只套排的形式，如图3-39所示。

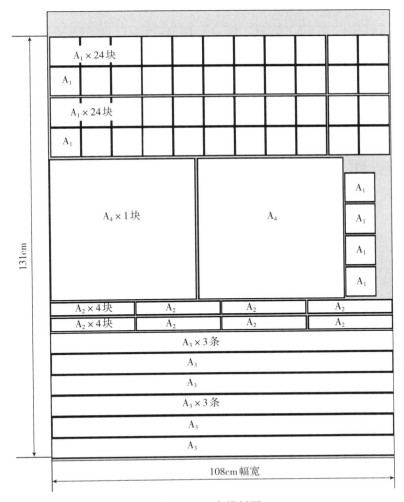

图3-39　A布排料图

B布排料图如图3-40所示。

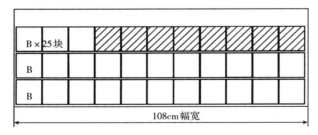

图3-40　B布排料图

C布排料图如图3-41所示。

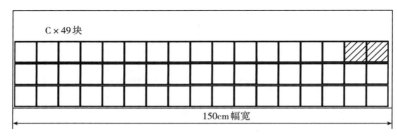

图3-41　C布排料图

四、用料计算

根据馒头垫的结构图与排料图计算单件用料：

A布用料：131÷2=65.5（cm）

B布用料：9.4÷11×25=21.37（cm）

C布用料：8.4÷17×49=24.22（cm）

单件用料见表3-3。

表3-3　馒头垫单件用料表

原辅料及规格	耗用	损耗（2%）	实际耗用
A布108cm幅宽	65.5cm	1.31cm	66.81cm
B布108cm幅宽	21.37cm	0.43cm	21.8cm
C布150cm幅宽	24.22cm	0.48cm	24.7cm
PP棉	220g	2.2g	224.4g

五、成品质量要求

1.成品外观无破损、针眼及严重印花染色不良。

2.成品无跳针、浮针、漏针、脱线。

3.针迹密度为12针/3cm。

4.缝纫轨迹匀、直，缝线牢固，卷边拼缝平服齐直，宽窄一致，不露毛；接针套正，边口处打回针2~3针。

5.拼缝处缝份为0.7cm，成品规格误差小于1cm。

6.荷叶边抽褶均匀，绷带位置准确。

7.充棉均匀，饱满、有弹性，成品成形良好。

六、重点与难点

1.馒头拼块的制作。

2.荷叶边的制作。

3.充棉与封口的处理。

4.馒头垫工艺单的表达，用料计算。

七、工艺流程

检查裁片、验片──→做绷带──→做荷叶边──→做馒头部分拼块──→装荷叶边与绷带──→拼合面、底布──→充棉──→封口──→检验

八、制作步骤

1.先将面料熨烫平整，缩水率大的面料要先进行预缩，再熨烫平整。

2.排料：将面料平铺展开，按照排料图进行排料并用画粉画好轮廓线（注意面料的丝缕方向）。

3.裁剪：沿画好的排料图轮廓线依次将裁片裁剪下来备用。

4.开始制作：调整好平缝机状态，使线迹良好，针迹密度为12针/3cm，使用与面料色彩相近的缝纫线。

5.做绷带：先将A_2面料分别做成四根一端封口的带子备用，缝制时将毛边折进0.7cm沿着边缘0.1cm压明线，缝制后宽1cm，如图3-42所示。

6.做荷叶边：先将三条A_3拼成一条，然后在长度方向一边卷边0.5cm（可用卷边压脚卷边），另一边抽褶至182cm（可用抽褶压脚抽褶），如图3-43所示。

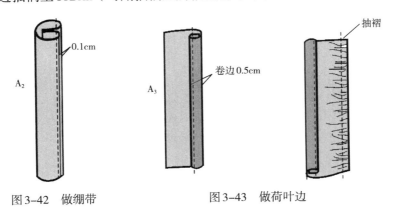

图3-42　做绷带　　　　　图3-43　做荷叶边

7.做馒头拼块：先在每块里子布C布的中间剪开2cm宽的刀口，然后将每个馒头片的表布四边中间各打一个1cm的裥与里子布C固定缝合，四周缉线0.5cm，如图3-44所示。

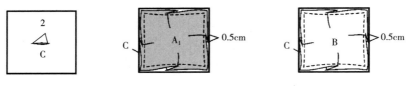

图3-44　做拼块

8.将与里子布缝好的A、B布按照平面效果图的间色顺序依次连起来，保持0.7cm的缝头，如图3-45～图3-47所示。

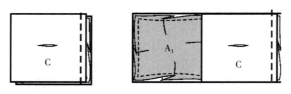

图3-45　拼块缝接示意

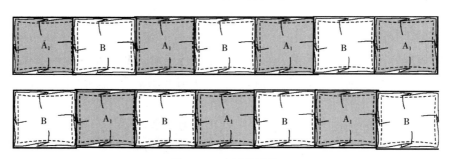

图3-46　多拼块缝接

B	A₁	B	A₁	B	A₁	B
A₁	B	A₁	B	A₁	B	A₁
B	A₁	B	A₁	B	A₁	B
A₁	B	A₁	B	A₁	B	A₁
B	A₁	B	A₁	B	A₁	B
A₁	B	A₁	B	A₁	B	A₁
B	A₁	B	A₁	B	A₁	B

图3-47　拼块缝接顺序

9.将上述拼好的表布四周打细裥,打裥后周边尺寸由50.4cm缩到46.4cm。

10.装荷叶边:将已抽褶好的荷叶边与拼好的馒头块正面相对拼合在一起,如图3-48所示。

11.装绑带:将做好的绷带再缝合固定在上面,注意绑带距边缘8cm处,如图3-49所示,每边各两根。

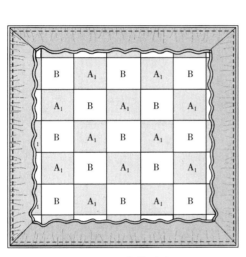

图3-48 装荷叶边　　　　　　　　图3-49 装绑带

12.拼合表布与底布:将底布正面相对覆盖在表布上面,如图3-50所示,注意中间留口25cm,以便充棉后翻出正面。

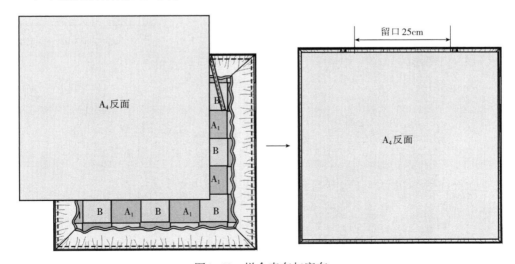

图3-50 拼合表布与底布

13.充棉:从每块里子布刀口处充入PP棉,如图3-51所示,共充棉220g,充棉时注意要均匀、饱满。

14.封口：将充好棉的里子布开口处用手缝针缝合，如图3-52所示，然后翻出正面，将留口处用手缝针暗缲缝合，如图3-53所示。

图3-51　充棉　　　　　　　图3-52　封口

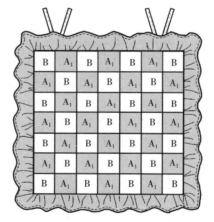

视频3-3　馒头垫的制作

图3-53　缝合

思考与练习题

1.制作坐垫的常用材料（包括面料与辅料）有哪些？

2.按照海绵垫的结构与工艺进行制作。

3.按照充棉垫的结构与工艺进行制作。

4.按照馒头垫的结构与工艺进行制作。

5.设计一款 ϕ 55cm的圆形馒头垫并制作，要求绘制其生产工艺单（包括平面效果图、平面结构图与单件用料表）。

6.设计并制作一组坐垫，数量4~6个，设计主题与工艺方法自定，要求附设计说明，并绘制其生产工艺单（包括平面效果图、平面结构图、排料图、用料表与工艺要求等）。

第四章　床上用品的设计与工艺

学习目标

1. 了解床上用品的面料、款式、色彩与图案等设计特点。
2. 了解床上用品褶裥、拼框、嵌条等常用工艺方法。
3. 了解并掌握十款枕套、被套、床单、床罩的制作方法。
4. 掌握十款床上用品的结构制图与工艺单的表达、生产用料的计算。

引导语

　　床上用品是家庭生活中不可或缺的一部分，其设计不仅影响人们的睡眠质量，还能提升家居环境的美感和舒适度。本章将深入探讨床上用品的设计与工艺，通过对面料、款式、色彩与图案等方面的学习，全面掌握床上用品的制作技术。同时，本章将结合文化元素，探索家纺产品中的文化传承与创新，培养学生的审美能力和动手能力。在学习过程中，注重将传统文化与现代设计相结合，增强学生的文化自信，培养其创新意识和工匠精神。

第一节　床上用品的设计

　　纺织品行业按其终端用途可划分为三个产业，即服装用纺织品业、产业用纺织品业和装饰用纺织品业，装饰用纺织品业一般又称为家用纺织品业，床上用品行业是装饰纺织品业中的一个子行业。床上用品行业主要从事床上用品的设计、生产、加工、销售，是家用纺织品行业的重要组成部分。

　　床上用品主要包括被套、被芯、枕套、枕芯、床单、床盖、床罩等。

一、床上用品的面料

　　床上用品的面料一般采用纯棉、涤纶、黏胶纤维、真丝、麻、毛等面料。纯棉面料手感好，使用舒适，易染色，花型品种变化丰富，且具有柔软暖和，吸湿性强，耐洗，带静电少的优点，是床上用品广泛采用的材质。纯棉面料一般会选用斜纹印花、平纹色织及缎纹组织方法制备。斜纹印染面料织造时采用斜纹组织，面料表面有明显的斜向纹路，且织物的密度相对较高，耐磨性较好，手感也柔软，通常采用活性印染技术，色彩鲜艳亮丽且不易褪色，使面料既具有美观的外观，又具有良好的舒适度和耐用性，因此，斜纹印染面料适用于各种床上用品，如床单、被套、枕套等。

色织纯棉面料是用不同颜色的经、纬纱织成。由于先染后织，染料渗透性强，色织牢度较好，且异色纱织物的立体感强，风格独特，床上用品中多表现为条格花型，而缎纹组织的纯棉面料一般会选用纱线较好，纱支较细的来织造，因此缎纹组织的纯棉面料更细腻、光泽度也更好。黏胶纤维一般采用与涤纶或棉混纺制备面料，从织物组织上主要选用大提花贡缎的组织。真丝面料外观华丽、富贵，有天然柔光及闪烁效果，感觉舒适，强度高，弹性和吸湿性比棉好，但不易保养，对强烈日光的耐热性比棉差。还有些装饰面料也用于床上用品设计中，如雪尼尔装饰面料具有羽绒般的丰满感，触感柔软舒适，给人以温暖和亲切的感觉，制作的家纺用品显得豪华而大气（图4-1～图4-6，彩图13～彩图16）。

图4-1　雪尼尔装饰面料的异域风格

图4-2　全棉印花面料

图4-3　涤纶转移印花面料

图4-4　色织装饰面料

图4-5　色织大提花面料

图4-6　仿毛皮装饰

二、床上用品的款式

床上用品的款式多种多样，一般根据房间卧室的风格及主人的喜好与使用者的不同年龄层次来决定（彩图17～彩图19）。不同年龄的消费者在选择床上用品的品种与款式上区别比较大，根据使用者的年龄主要分成以下3类。

（一）婴幼儿用床上用品

婴幼儿用床上用品主要适用于婴儿床，品种有床垫、婴儿被、睡袋、小枕头、定形枕、尿布袋、妈咪包、地垫等。其面料要求柔软、细腻、无刺激性，有效呵护婴幼儿娇嫩的肌肤，常采用淡雅柔和的浅色系与可爱迷人的图案进行装饰，款式造型可爱活泼（图4-7、图4-8）。

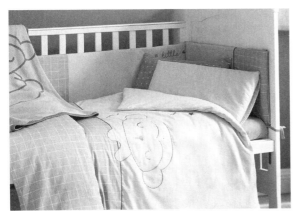

图4-7　婴幼儿用家用纺织品

图4-8　婴幼儿用床品

（二）少年儿童用床上用品

少年儿童用床上用品主要品种有床单、床罩、床盖、被套、被芯、睡袋、枕套、枕芯、靠垫等。其面料同样以柔软舒适的天然材料为主，色彩则更显活泼丰富、各类卡通图案是装饰的主要元素。款式结构上相对简洁，与成人用床上用品接近（图4-9～图4-12）。

图4-9　法式的儿童浪漫

图4-10　温馨的女孩房

图4-11　探险寻宝的海盗船　　　　　　　　图4-12　亮丽活泼的风格

（三）成人用床上用品

　　成人用床上用品主要针对青年人、中年人与老年人设计，由于使用者的个性、年龄、职业、经济状况、审美意识、家居环境的不同，床上用品的色彩、图案、材料与款式也有很大的差别。欧美风格的手工盘花和机绗，整体简约大气（图4-13、图4-14）；民族风绣花的风格，给人异域的感受（图4-15）；清新的灰绿色与几何的提花纹样，是简约的欧式风格（图4-16）；渐变的华夫格印花效果，既清爽又个性（图4-17、图4-18）；大机绗缝与贴布图案的相互结合，给床品增加立体感；近几年，针织面料因为贴身的舒适感而成为热门选择（图4-19、图4-20）。

图4-13　手工盘花绗缝　　　　　　　　　图4-14　手工机绗

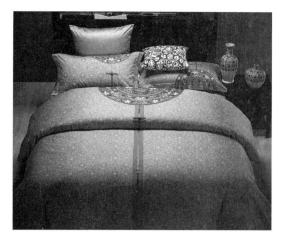

图4-15　民族风绣花

图4-16　简约欧式风格

图4-17　渐变色的华夫格面料

图4-18　简约个性的风格

图4-19　大机绗缝与贴布图案相搭配

图4-20　针织面料的舒适床品

三、床上用品的色彩与图案

色彩能给生活增添光彩，用不同的颜色装饰房间，会给人不同的视觉感受。卧室是一幢房屋里最私人化的空间，每当我们疲惫的时候，卧室也是我们歇息的地方。因而卧室的装饰更多的是给人一种静谧的感觉。如淡蓝、浅绿、白色的室内环境给人以宁静、幽雅、舒适的感觉，而不同的色彩更是能给人不同的感受。红色，容易使人兴奋和激动。在自然界中，不少芳香艳丽的红花，呈现动人生机，人们习惯将红色作为兴奋与欢乐的象征。黄色，具有明亮、华丽、温暖、动人的色彩，易引人注目。绿色，象征青春的朝气与旺盛的生命力，给人以恬静、凉爽、舒适、温馨的感觉。蓝色，给人以冷静、沉思、缜密的感觉，易使人想到晴空万里的蓝天。白色象征明亮、平静、畅快、洁净、雅致，人们看到白色会有宁静的感觉。灰绿色的柔和搭配，清爽而个性（图4-21）；稳重的蓝色，是新中式的风格（图4-22）；不同明度的豆沙红，安静文雅如粉黛，文艺而复古的格纹，简单而雅致（图4-23）；金色与灰色的组合，宛如秋风吹过枝叶和花朵，置身于愉悦的秋天（图4-24）；明亮色彩的组合令人心情愉悦（彩图20~彩图24）。

图4-21　灰绿色的柔和色彩搭配

图4-22　稳重的蓝色

图4-23　不同明度的豆沙红

图4-24　金色与灰色的组合

✦ **小知识**

床上用品的常见组合及规格：

1.配120cm宽的床

床单：200cm×250cm、180cm×240cm

床罩：120cm×200cm + 45cm

被套：180cm×210cm、150cm×200cm

枕套：50cm×70cm、48cm×74cm

靠垫套：50cm×50cm、45cm×45cm、40cm×40cm

2.配150cm宽的床

床单：240cm×250cm

床罩：150cm×200cm + 45cm

被套：200cm×230cm

枕套：50cm×70cm、48cm×74cm

靠垫套：50cm×50cm、60cm×60cm

3.配180cm宽的床

床单：270cm×250cm

床罩：180cm×200cm + 45cm

被套：220cm×240cm

枕套：50cm×70cm、48cm×74cm

靠垫套：50cm×50cm、60cm×60cm、65cm×65cm

第二节　枕套的结构与工艺

枕头是指由织物面料经缝制而成并可填充纤维类的用于枕垫的物品，可使人在睡眠时保持头与腰椎平衡，避免颈椎受到压迫。而枕套既可装饰于枕头又可保护枕头，使其有一定的耐脏性及舒适性。枕套的不同材质、色彩及图案都会对人们的生活产生不同的影响。

一、褶裥（顺风裥）拉链式枕套

（一）外形概述

顺风褶裙边，背面开口装拉链（图4-25）。

（二）绘制结构图

枕套的成品规格是50cm×70cm+8cm，根据要求绘制平面效果图与平面结构图，图中数字单位为厘米（cm）（图4-26）。

A布：色织条格棉布（148cm幅宽）

B布：染色棉布（148cm幅宽）

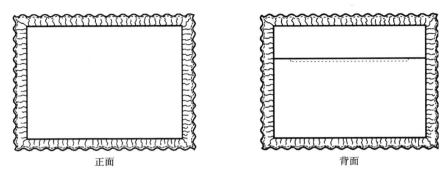

正面   背面

图4-25 褶裥拉链式枕套外形图

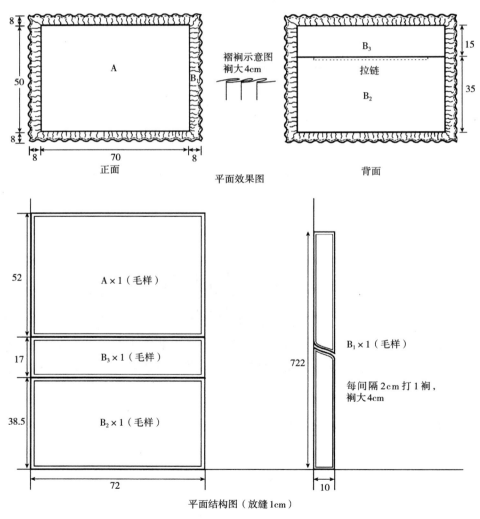

图4-26 结构图

（三）排料

A、B 布采用二只枕套套排的形式，A 布套排图如图 4-27 所示，B 布套排图如图 4-28 所示。

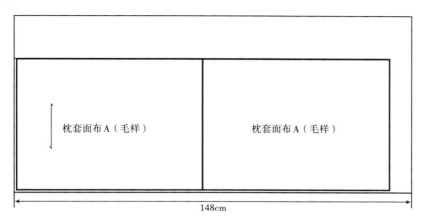

图 4-27　A 布套排图

图 4-28　B 布套排图

（四）用料计算

批量生产此枕套的色织棉布（A 布）单件用料为：52÷2=26（cm）

B 布单件用料为：（17+38.5）÷2+10×5=77.75（cm）

单件用料见表 4-1。

表4-1　褶裥拉链式枕套单件用料

原辅料及规格	耗用（cm）	损耗（2%）（cm）	实际耗用（cm）
A布148cm幅宽	26	0.52	26.52
B布148cm幅宽	77.75	1.56	79.31
拉链	56cm长1根	—	56cm长1根

（五）成品质量要求

1.拼缝处缝份为1cm，成品规格误差小于1cm。

2.针迹密度为12针/3cm；缝纫轨迹匀、直，缝线牢固，卷边拼缝平服齐直，宽窄一致，不露毛；接针套正，边口处打回针不少于3针。

3.褶裥部分要求均匀，褶裥大小无偏差。

4.拉链缝制要求平服、不起拱；压线匀、直、无接口。

5.成品外观无破损、针眼及严重织疵，色织条格要对条对格。

6.成品无跳针、浮针、漏针、脱线及油污。

（六）重点与难点

1.做顺风褶。

2.装拉链。

（七）工艺流程

检查裁片、验片──→做褶裥裙边──→装拉链──→拼合面、底布──→整烫──→检验

（八）制作步骤

1.先将面料熨烫平整，缩水率较大的面料要先进行预缩，再熨烫平整。

2.排料：将面料平铺展开，按照排料图进行排料并用划粉画好轮廓线（注意面料的丝缕方向）。

3.裁剪：沿画好的排料图轮廓线依次将裁片裁剪下来备用。

4.开始制作：调整好平缝机，使线迹良好，针距为12针/3cm，并使用与面料色彩相近的缝纫线。

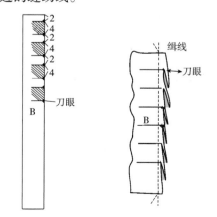

5.做褶裥裙边：

（1）先将裁片B用拼缝方式将宽度相拼接，拼成一长条状并将其中的一长边按0.5cm卷边备用。

（2）将裙边B按如图4-29所示，每间隔2cm、4cm剪一刀眼做记号。

（3）按图所示将4cm的刀眼记号上下对准折叠，并缉一0.2cm直线固定褶裥备用（图4-30）。

6.装褶裥裙边：将做好的褶裥裙边与枕套面布A正面相对，并将裙边的毛边与面布的毛边对齐，按1cm缝份拼合缉线（图4-31）。

图4-29　做裙边B　　图4-30　固定褶裥

7.装拉链：

（1）先将背布B_2与B_3要装拉链一侧拷边，拷边后B_2、B_3正面相对，如图4-32所示，上下错开1.5cm，按$B_2$1cm缝份两端各缝9cm，注意起落针要打倒回针。

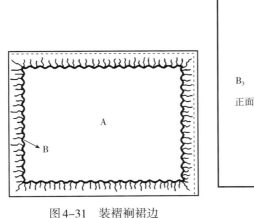

图4-31　装褶裥裙边　　　　　　　　　　　图4-32　装拉链

（2）将B_2、B_3正面朝上，并展开缝份，拉链放在B_2、B_3缉缝缝头下面靠B_3一侧，然后沿着B_3一侧的净缝线缉0.1cm止口线直到另一端的拼合封口处。

（3）将B_2按净缝线折好，并沿着净缝线并盖住拉链1.5cm处缉一明线，注意在拉链的两端横向要打倒回针（图4-33）。

8.将已装好拉链的枕套底布正面朝上，装好裙边的枕套面布正面朝下，面底两片按1cm缝份拼合缉缝（图4-34）。

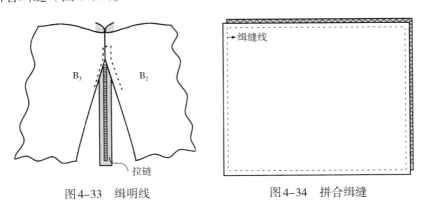

图4-33　缉明线　　　　　　　　　　　图4-34　拼合缉缝

9.缝好后将毛边缝份拷边，完成后从拉链处翻转枕套正面，并剪净线头熨烫平整。

二、活页信封式枕套

（一）外形概述

枕套正面装双层活页，背面信封式重叠开口（图4-35）。

图4-35　活页信封式枕套外形图

（二）绘制结构图

枕套成品规格（48＋8）cm×（72＋8）cm，实际可填充枕芯的尺寸为48cm×72cm，周边加8cm边框，绘制平面效果图与平面结构图，平面结构图放缝1cm，以下数字单位为厘米（cm）（图4-36）。

A布：大提花棉布（250cm幅宽）

B布：染色棉布（250cm幅宽）

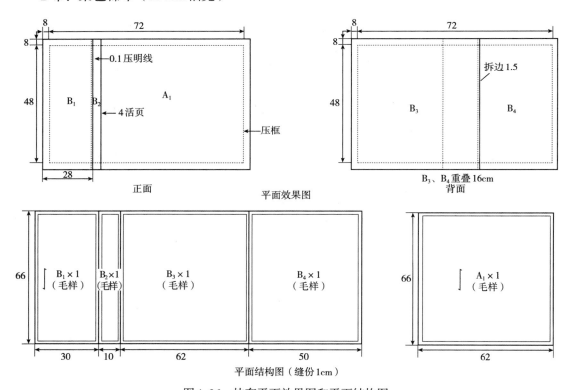

图4-36　枕套平面效果图和平面结构图

（三）排料

A布采用四只枕套套排的形式，排料图如图4-37所示。

B布采用八只枕套套排的形式，排料图如图4-38所示。

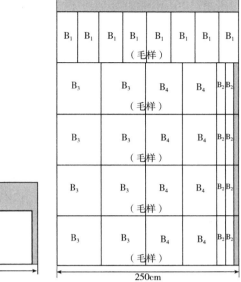

图4-37　A布排料图　　　　　图4-38　B布排料图

（四）用料计算

批量生产此枕套的大提花棉布（A布）用料（单件）为：$66 \div 4 = 16.5$（cm）

B布用料为：$66 \div 2 + 66 \div 8 = 41.25$（cm）

单件用料见表4-2。

表4-2　活页信封式枕套单件用料

原辅料及规格	耗用（cm）	损耗（2%）（cm）	实际耗用（cm）
A布250cm幅宽	16.5	0.33	16.83
B布250cm幅宽	41.25	0.83	42.08

（五）成品质量要求

1. 拼缝处缝份为1cm，成品规格误差小于1cm。

2. 针迹密度为12针/3cm；缝纫轨迹匀、直，缝线牢固，卷边平服齐直，宽窄一致，不露毛；接针套正，边口处打回针不少于3针。

3. 背面重叠开口平服、不起拱、不错位；活页均匀宽窄一致，压线均匀无接针套口。

4. 成品外观无破损、针眼严重织疵。

5. 成品无跳针、浮针、漏针、脱线及油污。

（六）重点与难点

做双层活页。

（七）工艺流程

检查裁片、验片 ⟶ 做、装双层活页 ⟶ 做底布 ⟶ 拼合面底布 ⟶ 压框 ⟶ 整烫 ⟶ 检验

（八）制作步骤

1. 先将面料熨烫平整，缩水率较大的面料要先进行预缩，再熨烫平整。

2. 排料：将面料平铺展开，按照排料图进行排料并用划粉画好轮廓线（注意面料的丝缕方向）。

3. 裁剪：沿画好的排料图轮廓线依次将裁片裁剪下来备用。

4. 开始制作：调整好平缝机，使线迹良好，针迹密度为12针/3cm，并使用与面料色彩相近的缝纫线。

5. 做活页：

（1）先将活页 B_2 布双层对折（正面外露）并熨烫平整（图4-39），沿毛边缉0.9cm一直线。

（2）把枕套面布 A_1 正面朝上，做好的活页 B_2 放在 A_1 布上，对齐毛边缉1cm一直线（图4-40）。

（3）枕套面布 B_1 反面朝上，与拼合好的活页拼片正面相对，对齐毛边缉1cm一直线（图4-41）。

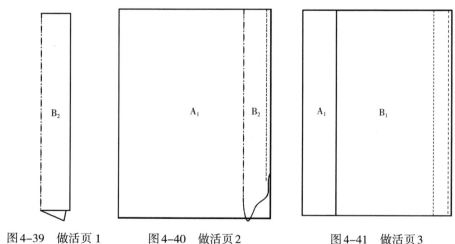

图4-39　做活页1　　　　图4-40　做活页2　　　　图4-41　做活页3

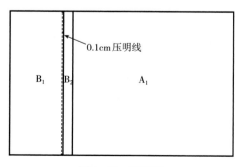

图4-42　压明线

（4）缉缝好后翻转枕套正面，熨烫平整将活页倒向 A_1 一边，在枕面 B_1 布上压0.1cm一明线（图4-42）。

6. 做底布：将底布 B_3、B_4 的宽度方向其中一边1.5cm卷边（图4-43），卷好边后大片压在小片上，上下重叠16cm固定并在重叠处上下各压9cm一直线封口并打倒回针固定（图4-44）。

7. 拼合面、底布：把拼合好的面布与底布正面相对，对齐长宽方向，四周缉1cm直线（图4-45）。

8.缉好线后从底布开口处翻出正面，并熨烫平整在正面压框8cm，注意止口不能反吐并熨烫平整（图4-46）。

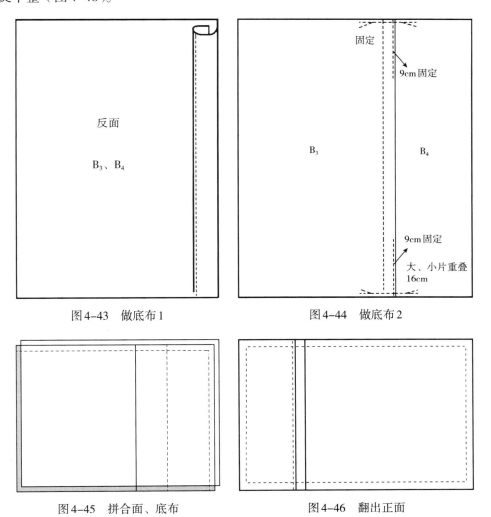

图4-43　做底布1　　　　　　　　图4-44　做底布2

图4-45　拼合面、底布　　　　　　图4-46　翻出正面

✦ 小提示

　　枕套从反面翻出正面时四角先按缝份折叠成直角，再翻出正面，这样枕套四个角落里的缝份会折叠整齐。

三、拼框拉链式枕套

（一）外形概述
四边拼框、背面开口装拉链（图4-47）。

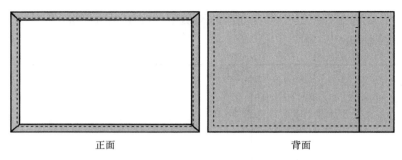

图4-47　外形图

（二）绘制结构图

枕套成品规格（48+8）cm×（72+8）cm，绘制平面效果图与平面结构图，图中数字单位为厘米（cm）（图4-48）。

A布：印花棉布（250cm幅宽）

B布：染色棉布（250cm幅宽）

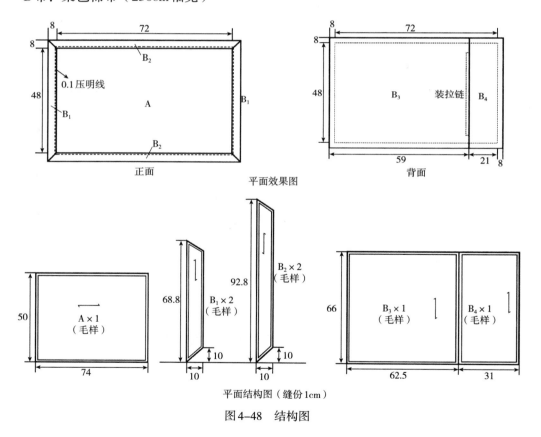

图4-48　结构图

（三）排料

A布采用5只枕套套排的形式，排料图如图4-49所示。

B布采用8只枕套套排的形式，排料图如图4-50所示。

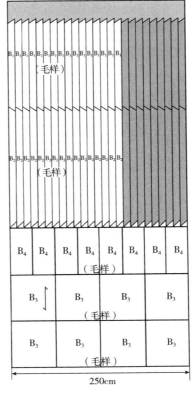

图4-50　B布排料图

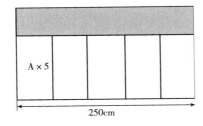

图4-49　A布排料图

（四）用料计算

批量生产此枕套的印花棉布A布单件用料为：74÷5=14.8（cm）

B布用料为：66÷4+66÷8+（92.8+68.8-10）÷25×2≈36.9（cm）

单件用料见表4-3。

表4-3　拼框拉链式枕套单件用料

原辅料及规格	耗用（cm）	损耗（2%）（cm）	实际耗用（cm）
A布250cm幅宽	14.8	0.3	15.1
B布250cm幅宽	36.9	0.74	37.64
拉链	46cm 1条	—	46cm 1条

（五）成品质量要求

1.拼缝处缝份为1cm，成品规格误差小于1cm。

2.针迹密度为12针/3cm；缝纫轨迹匀、直，缝线牢固，卷边平服齐直，宽窄一致，不露毛；接针套正，边口处打回针不少于3针。

3.边框拼缝平直不扭曲，注意各部位拼好角后是90°角。

4.压框平整不扭曲，不起链。

5.拉链装好后平直，不扭曲，不起拱。

6.成品外观无破损、针眼及严重印花不良，成品图案位偏不超过2cm。

7.成品无跳针、浮针、漏针、脱线。

（六）重点与难点

四边拼框、装拉链。

（七）工艺流程

检查裁片、验片──→做拼框──→装拼框──→装拉链──→拼合面、底布──→压框──→整烫──→检验

（八）制作步骤

1.熨烫：先将面料熨烫平整，缩水率较大的面料要先进行预缩，再熨烫平整。

2.排料：将面料平铺展开，按照排料图进行排料并用划粉画好轮廓线（注意面料的丝缕方向）。

3.裁剪：沿画好的排料图轮廓线依次将裁片裁剪下来备用。

4.开始制作：调整好平缝机，使线迹良好，针迹密度为12针/3cm，并使用与面料色彩相近的缝纫线。

5.拼框：将枕套边框以B_1—B_2—B_1—B_2的顺序方式正面相对对角拼接（图4–51）。

6.将枕套面布A正面朝上，相拼接好的边框正面朝下，A布的毛边与边框的内轮廓线对齐缉缝1cm直线，缉好后翻转正面熨烫平整备用，注意拼框的对角线与面布的直角点相对齐（图4–52）。

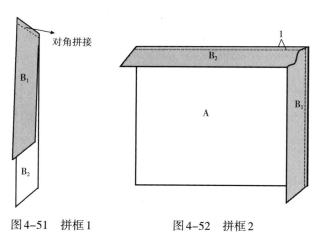

图4-51　拼框1　　　　图4-52　拼框2

7.装拉链：

（1）先将背布B_3与B_4要装拉链一侧拷边，拷边后B_3、B_4正面相对，如图上下错开1.5cm，按1cm缝份两端各缝11cm，注意起落针要打倒回针（图4–53）。

（2）将B_3、B_4正面朝上，并展开缝份，拉链放在B_3、B_4缉缝缝头下面靠B_4一侧，然后沿着B_4一侧的净缝线缉0.1cm止口线直到另一端的拼合封口处。

（3）将B₃按净缝线折好，然后沿着净缝线并盖住拉链1.5cm处缉一明线，注意在拉链的两端横向要打倒回针（图4-54）。

8.拼合面、底布：把拼合好的面布与底布正面相对，对齐各长宽方向，四周缉1cm直线。

9.缉好线后从背面拉链开口处翻出正面，并熨烫平整，沿着正面B布边框0.1cm缉线压框，注意止口不能反吐并剪净线头熨烫平整（图4-55）。

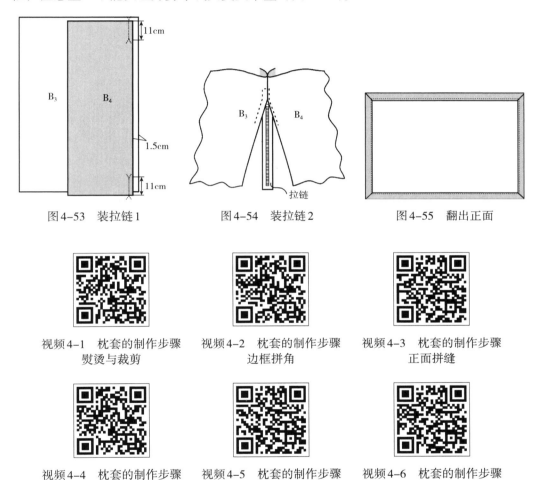

图4-53　装拉链1　　　　　　图4-54　装拉链2　　　　　　图4-55　翻出正面

视频4-1　枕套的制作步骤　　　视频4-2　枕套的制作步骤　　　视频4-3　枕套的制作步骤
　　　　熨烫与裁剪　　　　　　　　　边框拼角　　　　　　　　　正面拼缝

视频4-4　枕套的制作步骤　　　视频4-5　枕套的制作步骤　　　视频4-6　枕套的制作步骤
　　背面信封式开口缝制　　　　　　正反面缝合　　　　　　　　　四周压框

第三节　被套的结构与工艺

被套是指由两层织物以适当的方式缝制而成的，用于保暖的一种床上用品。被套内可填充纤维被芯用于保暖。和其他床上用品一样，被套的面料最好是选择柔软舒适、容易洗熨的面料进行缝制。

一、拼框拉链式被套

（一）外形概述

被套三周拼框、背部开口装拉链（图4-56）。

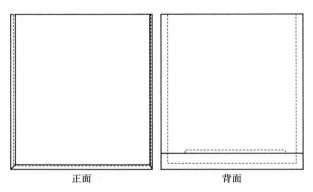

正面　　　　　　　背面

图4-56　外形图

（二）绘制结构图

被套成品规格（202+8）cm×（238+8）cm，绘制平面效果图与平面结构图，以下数字单位为厘米（cm）（图4-57）。

A布：印花棉布（250cm幅宽）

B布：染色棉布（250cm幅宽）

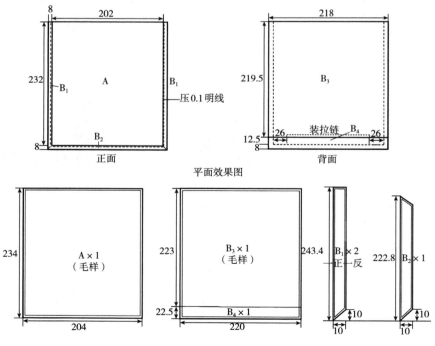

平面结构图（缝份1cm）

图4-57　结构图

（三）排料

A布在250cm幅宽上能排一块，排料图如下图4-58所示。

B布的排料图如图4-59所示。

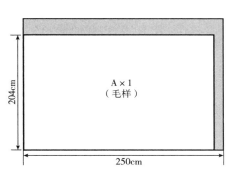

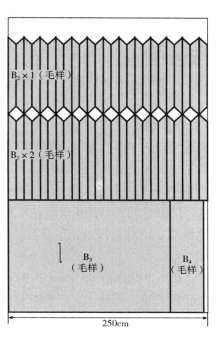

图4-58 A布排料图 　　　　图4-59 B布排料图

（四）用料计算

批量生产此被套的印花棉布（A布）单件用料为：204÷1=204（cm）

B布用料为：220÷1+（243.4×2+222.8-20）÷25=247.59（cm）

单件用料见表4-4。

表4-4 拼框拉链式被套单件用料

原辅料及规格	耗用（cm）	损耗（2%）（cm）	实际耗用（cm）
A布250cm幅宽	204	4.08	208.08
B布250cm幅宽	247.59	4.96	252.55
拉链	150，1条	—	150，1条

（五）成品质量要求

1.拼缝处缝份为1cm，成品规格误差小于2cm。

2.针迹密度为12针/3cm；缝纫轨迹匀、直，缝线牢固，卷边平服齐直，宽窄一致，不露毛；接针套正，边口处打回针不少于3针。

3.边框拼缝平直不扭曲，注意拼好角后是90°直角。

4.压框平整不扭曲，不起链。

5.拉链装好后平直，不扭曲，不起拱。

6.成品外观无破损、针眼及严重印花不良，成品图案位偏不超过2cm。

7.成品无跳针、浮针、漏针、脱线。

（六）重点与难点

拼框，装拉链。

（七）工艺流程

检查裁片、验片──→做拼框──→装拼框──→装拉链──→拼合面底部──→压框──→整烫──→检验

（八）制作步骤

1.先将面料熨烫平整，缩水率较大的面料要先进行预缩，再熨烫平整。

2.排料：将面料平铺展开，按照排料图进行排料并用划粉画好轮廓线（注意面料的丝缕方向）。

3.裁剪：沿画好的排料图轮廓线依次将裁片裁剪下来备用。

4.开始制作：调整好平缝机，使线迹良好，针迹密度为12针/3cm，并使用与面料色彩相近的缝纫线。

5.拼框：将被套边框以B_1—B_2—B_1的顺序方式正面相对，对角拼接（图4-60）。

6.将被套面布A正面朝上，已拼接好的边框正面朝下，A布的毛边与边框的内轮廓线对齐缉缝1cm直线，注意拼框的对角线与面布的转角净缝点相对齐，缉好后翻转正面熨烫平整备用（图4-61）。

7.装拉链：

（1）先将背布B_3与B_4要装拉链一侧拷边，拷边后B_3、B_4正面相对，如图4-62所示，上下错开1.5cm，按1cm缝份两端各缝35cm，注意起落针要打倒回针。

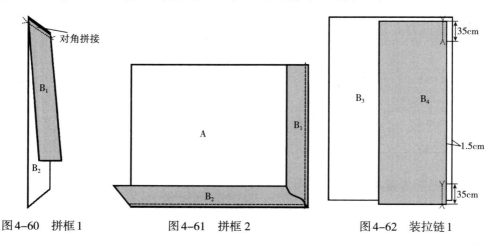

图4-60　拼框1　　　　　图4-61　拼框2　　　　　图4-62　装拉链1

（2）将B_3、B_4正面朝上，并展开缝份，拉链放在B_3、B_4缉缝缝头下面靠B_4一侧，然后沿着B_4一侧的净缝线缉0.1cm止口线直到另一端的拼合封口处。

（3）将B_3按净缝线折好，然后沿着净缝线并盖住拉链1.5cm处缉一明线，注意在拉链

的两端横向要打倒回针（图4-63）。

8.拼合面、底布：把拼合好的面布与底布正面相对，对齐长宽方向，四周缉1cm直线。

9.缉好线后从底布装拉链开口处翻出正面，熨烫平整，然后沿正面B布三面边框0.1cm缉线压框（图4-64），注意止口不能反吐并剪净线头熨烫平整。

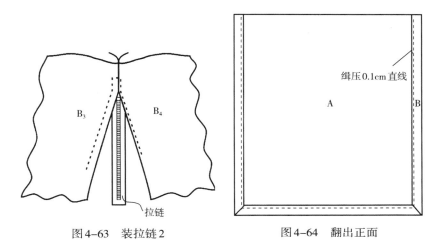

图4-63　装拉链2　　　　　　图4-64　翻出正面

二、镶拼嵌条四合扣式被套

（一）外形概述

被套面布大、小片相拼并嵌有嵌条，背部开口装钉四合扣（图4-65）。

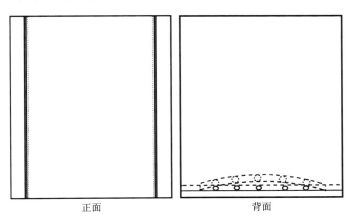

正面　　　　　　背面

图4-65　镶拼嵌条四合扣式被套外形图

（二）绘制结构图

被套成品规格202cm×232cm，绘制平面效果图与平面结构图，图中数字单位为厘米（cm）（图4-66）。

A布：印花棉布（158cm幅宽）

B布：染色棉布（250cm幅宽）

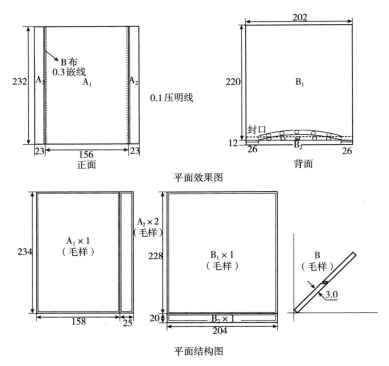

图4-66　镶拼嵌条四合扣式被套平面效果和平面结构图

（三）排料

A布采用三条被套套排的形式，排料图如图4-67所示。

B布采用一条被套套排的形式，排料图如图4-68所示。

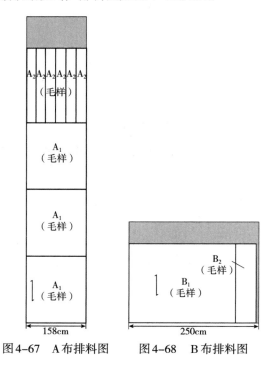

图4-67　A布排料图　　图4-68　B布排料图

（四）用料计算

批量生产此被套的小提花棉布（A布）单件用料为：234÷1+234÷6×2=312（cm）

B布用料为：204÷1+3×232×2÷250=209.57（cm）

单件用料见表4-5。

表4-5 镶拼嵌条四合扣式被套单件用料

原辅料及规格	耗用	损耗（2%）	实际耗用
A布150cm幅宽	312cm	6.24cm	318.24cm
B布250cm幅宽	209.57cm	4.2cm	213.77cm
四合扣	5副	—	5副

（五）成品质量要求

1.各部位规格正确，成品规格误差小于2cm。

2.针迹密度为12针/3cm；缝纫轨迹匀、直，缝线牢固，卷边平服齐直，宽窄一致，不露毛；接针套正，边口处打回针不少于3针。

3.嵌线均匀平直、不起链、不起皱。

4.四合扣上下位置要平服、不扭曲，位置固定均匀，上下不错位。

5.成品外观无破损、针眼及严重印花不良。

6.成品无跳针、浮针、漏针、脱线。

（六）重点与难点

装嵌条、钉四合扣。

（七）工艺流程

检查裁片、验片——做、拼被面与嵌条——装、钉四合扣——拼合面、底布——整烫——检验

（八）制作步骤

1.面料熨烫平整，缩水率较大的面料要先进行预缩，再熨烫平整。

2.将面料平铺展开，按照排料图进行排料并用划粉画好轮廓线（注意面料的丝绺方向）。

3.沿画好的排料图轮廓线依次将裁片裁剪下来备用。

4.开始制作：调整好平缝机，使线迹良好，针迹密度为12针/3cm，并使用与面料色彩相近的缝纫线。

5.缝制嵌线：将嵌线B布对折缝制于A_1的两边长度方向，注意嵌线外露宽度为0.3cm（图4-69）。

6.A_1正面朝上，A_2正面朝下两长度方面相拼固定缉缝1cm直线（图4-70）。

7.缉缝后翻转正面熨烫平整并在缉缝处缝份倒向A_1边，在A_2正面处各缉压0.1cm直线（图4-71）。

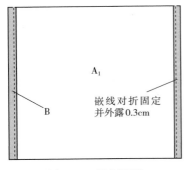

图4-69　缝制嵌线

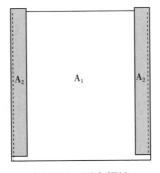

图4-70　固定缉缝

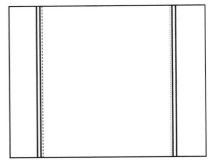

图4-71　翻出正面

8.装四合扣：

（1）将 B_1 与 B_2 的任意一宽度方向按3cm卷边缉线（图4-72）。

（2） B_1 、 B_2 正面相对，按3cm卷边处缉缝固定上、下各27cm。

（3）翻转正面将卷边缝份倒向 B_1 方向，并在27cm处缉缝处正面封口固定（图4-73）。

（4）将上下两片中间剩余距离150cm位置六等分做记号，并在居中位置固定四合扣，注意不能钉穿面料最外面一层（图4-74）。

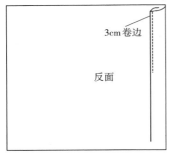

图4-72　装四合扣1

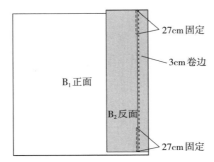

图4-73　装四合扣2

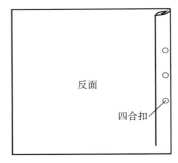

图4-74　装四合扣3

9.将被套正反两面正面相对，长宽方向对齐并四周缉缝1cm直线后拷边翻转（图4-75）。

10.翻转正面后剪净线头并熨烫平整。

视频4-7　镶拼嵌条四合
扣式被套的制作

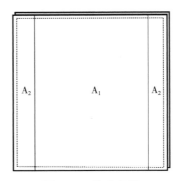

图4-75　拷边翻转

第四节 床单的结构与工艺

床单是以纺织纤维为原料的大面积机织物，铺于床垫上的纺织品，是家用纺织品的必需用品。当工作累了的时候，躺在一条刚换洗好、闻起来既清新又芳香的床单上没有什么能比这更愉快的了……床单面料一般选用柔软、吸湿性好的全棉、羊毛、蚕丝或麻类材料，同时要求面料足够宽，如果躺在接缝线上会让人感觉不舒服。

一、卷边式床单

（一）外形概述

床单四周卷边，床前下摆为圆角（图4-76）。

图4-76 卷边式床单外形

（二）绘制结构图

床单成品规格为242cm×246cm，绘制平面效果图与平面结构图，以下数字单位为厘米（cm）（图4-77）。

A布：染色棉布（250cm幅宽）

（三）排料

A布采用一条床单套排的形式，排料图如下（图4-78）。

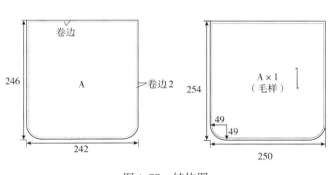

图4-77 结构图

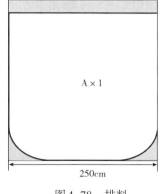

图4-78 排料

（四）用料计算

批量生产此床单的染色棉布（A布）单件用料为：254÷1=254（cm）

单件用料见表4-6。

表4-6 卷边式床单单件用料

原辅料及规格	耗用（cm）	损耗（2%）（cm）	实际耗用（cm）
A布250cm幅宽	254	5.08	259.08

（五）成品质量要求

1.拼缝处缝份为1cm，成品规格误差小于2cm。

2.针迹密度为12针/3cm；缝纫轨迹匀、直，缝线牢固，卷边平服齐直，宽窄一致，不露毛；接针套正，边口处打回针不少于3针。

3.卷边圆顺不起链，压线平直不扭曲。

4.成品外观无破损、针眼及严重染色不良。

5.成品无跳针、浮针、漏针、脱线及油污。

（六）重点与难点

做圆角卷边。

（七）工艺流程

检查裁片、验片——→做卷边——→整烫——→检验

（八）制作步骤

1.先将面料熨烫平整，缩水率较大的面料要先进行预缩，再熨烫平整。

2.排料：将面料平铺展开，按照排料图进行排料并用划粉画好轮廓线（注意面料的丝绺方向）。

3.裁剪：沿画好的排料图轮廓线依次将裁片裁剪下来备用。

4.开始制作：调整好平缝机，使线迹良好，针迹密度为12针/3cm，并使用与面料色彩相近的缝纫线。

5.做卷边：沿A布裁片三边边缘（图4-79）2cm卷边；最后床单横头2cm卷边（图4-80）。

图4-79　做卷边1　　　　　　图4-80　做卷边2

6.缝好后剪干净线头并熨烫平整。

二、圆角打褶压框床单

（一）外形概述

床单下摆圆角，三周拼边并在圆角处打褶（图4-81）。

（二）绘制结构图

床单成品规格242cm×246cm，绘制平面效果图与平面结构图，以下数字单位为厘米（cm）（图4-82）。

A布：色布（250cm幅宽）

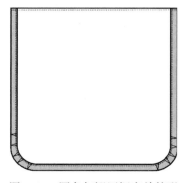

图4-81　圆角打褶压框床单外形

B布：印花棉布（250cm幅宽）

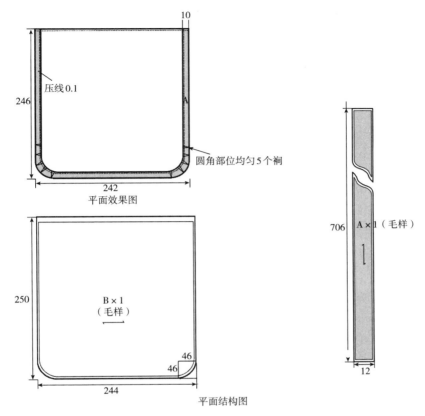

图4-82　圆角打褶压框床单平面效果图和平面结构图

（三）排料

B布采用一条床单套排的形式，排料图如图4-83所示。

A布采用二十条床单套排的形式，排料图如图4-84所示。

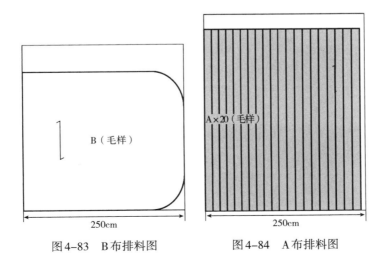

图4-83　B布排料图　　　　　图4-84　A布排料图

（四）用料计算

批量生产此床单的色布（A布）单件用料为：706÷20=35.3（cm）

印花棉布（B布）单件用料为：244÷1=244（cm）

单件用料见表4-7。

表4-7　圆角打褶压框床单单件用料

原辅料及规格	耗用（cm）	损耗（2%）（cm）	实际耗用（cm）
A布250cm幅宽	35.3	0.71	36.01
B布250cm幅宽	244	4.88	248.88

（五）成品质量要求

1.拼缝处缝份为1cm，成品规格误差小于2cm。

2.针迹密度为12针/3cm；缝纫轨迹匀、直，缝线牢固，卷边平服齐直，宽窄一致，不露毛；接针套正，边口处打回针不少于3针。

3.拼边打裥均匀，无大小及位置偏差。

4.拼边平直不扭曲，不起拱、不起链。

5.成品外观无破损、针眼及严重印花不良，成品图案位偏不超过2cm。

6.成品无跳针、浮针、漏针、脱线。

（六）重点与难点

圆角打褶，拼框。

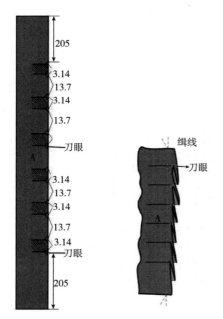

图4-85　圆角均匀　图4-86　固定褶裥
打褶裥

（七）工艺流程

检查裁片、验片──→做褶裥裙边──→压边──→卷边──→整烫──→检验

（八）制作步骤

1.先将面料熨烫平整，缩水率较大的面料要先进行预缩，再熨烫平整。

2.排料：将面料平铺展开，按照排料图进行排料并用划粉画好轮廓线（注意面料的丝缕方向）。

3.裁剪：沿画好的排料图轮廓线依次将裁片裁下来备用。

4.开始制作：调整好平缝机，使线迹良好，针迹密度为12针/3cm，并使用与面料色彩相近的缝纫线。

5.圆角均匀打褶裥：分别在距离布A两端205cm处开始均匀打褶裥，内轮廓每个褶裥大小均为3.14cm，外轮廓褶裥自然展平，每个褶裥之间的距离（沿内边框为准）13.7cm。两边各打5个褶裥，共10个褶裥（图4-85、图4-86，图中数字单位为厘米，cm）。

6.将床单面布B布反面朝上，固定好褶裥的拼边正面朝下，沿毛边固定缉1cm直线（图4-87）。

7.固定好拼边后，将拼边翻转正面熨烫平整，注意止口不要反吐（图4-88）。

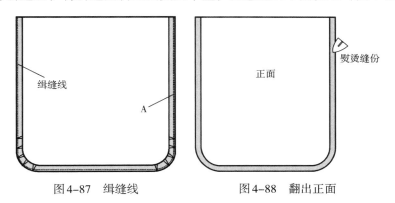

图4-87　缉缝线　　　　　　　　图4-88　翻出正面

8.熨烫平整后，将内轮廓边也沿净缝线扣转1cm毛缝压熨平整，并将拼边与面布压0.1cm止口线固定（图4-89）。

9.将床单的床头横边反面朝上卷2cm边（图4-90）。

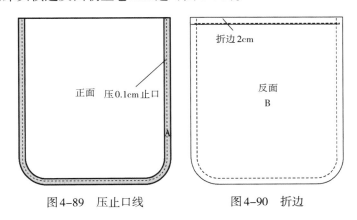

图4-89　压止口线　　　　　　　图4-90　折边

10.缝好后剪干净线头并熨烫平整。

视频4-8　卷边式圆角床单的裁剪　　视频4-9　卷边式圆角床单的缝制

第五节　床罩的结构与工艺

床罩是铺垫于床或床垫之上的纺织品，可用于装饰或保暖。

一、简易对褶式床罩

（一）外形概述

床罩床面三周嵌实心嵌条，床裙前面下摆居中打一对褶，床裙两侧边各打2个对褶，床头部分下折（图4-91）。

（二）绘制结构图

床罩成品规格（152+45）cm×（202+45）cm，绘制其平面效果图与平面结构图，以下数字单位为厘米（cm）（图4-92）。

A布：色织棉布（160cm幅宽）

B布：染色棉布（160cm幅宽）

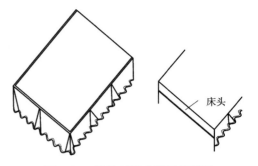

图4-91　简易对褶式床罩外形图

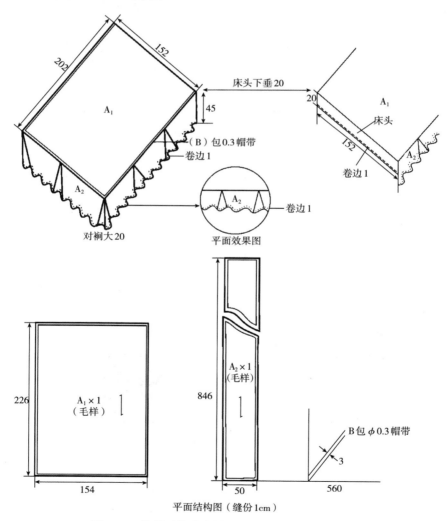

图4-92　简易对褶式床罩平面效果图和平面结构图

（三）排料

A布采用三条床罩套排的形式，排料图如图4-93所示。

（四）用料计算

批量生产此床罩的色织棉布（A布）单件用料为：$226 \div 1+846 \div 3=508$（cm）

B布单件用料为：$3 \times 560 \div 160=10.5$（cm）

单件用料见表4-8。

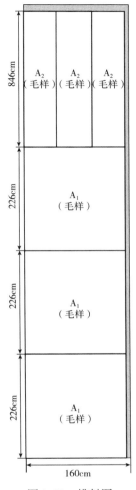

图4-93　排料图

表4-8　简易对裥式床罩单件用料

原辅料及规格	耗用（cm）	损耗（2%）（cm）	实际耗用（cm）
A布160cm幅宽	508	10.16	518.16
B布160cm幅宽	10.5	0.21	10.72
ϕ0.3cm帽带	560	11.2	571.2

（五）成品质量要求

1.拼缝处缝份为1cm，成品规格误差小于2cm。

2.针迹密度为12针/3cm；缝纫轨迹匀、直，缝线牢固，卷边平服齐直，宽窄一致，不露毛；接针套正，边口处打回针不少于3针。

3.嵌线均匀、饱满、平直，不起链。

4.对裥位置正确不偏移，大小均匀。

5.成品外观无破损、针眼、织疵及严重染色不良，条格偏差不超过2cm。

6.成品无跳针、浮针、漏针、脱线。

（六）重点与难点

装实心嵌条，打对裥。

（七）工艺流程

检查裁片、验片——→做褶裥裙边——→装嵌线——→装裙边——→整烫——→检验

（八）制作步骤

1.先将面料熨烫平整，缩水率较大的面料要先进行预缩，再熨烫平整。

2.排料：将面料平铺展开，按照排料图进行排料并用划粉画好轮廓线（注意面料的丝缕方向）。

3.裁剪：沿画好的排料图轮廓线依次将裁片裁剪下来备用。

4.开始制作：调整好平缝机，使线迹良好，针迹密度为12针/3cm，并使用与面料色彩相近的缝纫线。

5.做对裥：

（1）先将裁片A_2长度方向任意一边2cm卷边备用（图4-94）。

图4-94　做对裥

（2）做刀眼记号：将裙边 A_2 按如图所示未卷边长边做刀眼记号，一共7对对裥，每个裥大20cm（图4-95）。

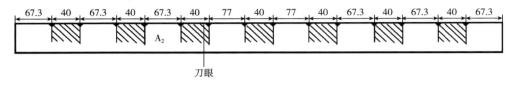

图4-95　做刀眼记号

6. 装实心帽带嵌条：将床罩面布 A_1 床头横向卷边1cm后正面朝上，将 B 布内包直径0.3cm的实心嵌线用单边压脚将嵌条固定于面布上（距离床头各20cm），注意嵌条头上要做净（图4-96）。

7. 将做好对裥的裙边与床罩面布正面相对，沿着缉缝嵌线的位置上下片双层固定。

8. 将床头位置与裙边宽度方向翻转20cm固定。

9. 缝好后将毛边缝份拷边并剪净线头，熨烫平整。

二、包边抽裥式床罩

（一）外形概述

裙边打细褶包边，床沿三周嵌实心嵌线（图4-97）。

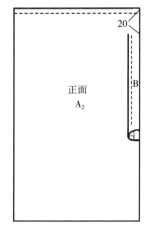

图4-96　装实心帽带嵌条

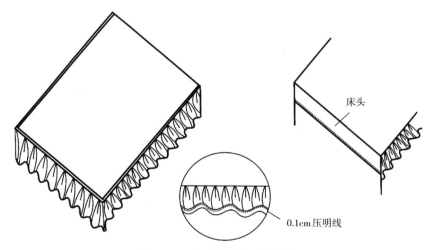

图4-97　包边抽裥式床罩外形

（二）绘制结构图

床罩成品规格（152+45）cm×（201+45）cm，绘制其平面效果图与平面结构图，图中数字单位为厘米（cm）（图4-98）。

A布：印花棉布（160cm幅宽）

B布：染色棉布（160cm幅宽）

（三）排料

A布采用一条床罩套排的形式，排料图如图4-99所示。

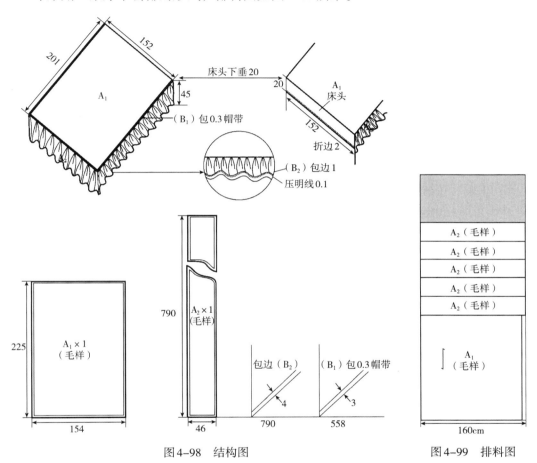

图4-98　结构图　　　　　　　　图4-99　排料图

（四）用料计算

批量生产此床罩的（A布）用料为：225÷1+46×5=455（cm）

B布用料为：4×790÷160+3×558÷160=30.22（cm）

单件用料见表4-9。

表4-9　包边抽裥式床罩单件用料

原辅料及规格	耗用（cm）	损耗（2%）（cm）	实际耗用（cm）
A布160cm幅宽	455	9.1	464.1
B布160cm幅宽	30.22	0.61	30.83
ϕ0.3cm帽带	558	11.16	569.16

（五）成品质量要求

1.拼缝处缝份为1cm，成品规格误差小于2cm。

2.针迹密度为12针/3cm；缝纫轨迹匀、直，缝线牢固，卷边平服齐直，宽窄一致，不露毛；接针套正，边口处打回针不少于3针。

3.嵌线均匀、饱满、平直，不起链。

4.抽裥均匀。

5.成品外观无破损、针眼及严重印花不良，成品图案位偏不超过2cm。

6.成品无跳针、浮针、漏针、脱线。

（六）重点与难点

抽细褶，包边。

（七）工艺流程

检查裁片、验片──→包边──→做褶裥裙边──→装嵌线──→装裙边──→整烫──→检验

（八）制作步骤

1.先将面料熨烫平整，缩水率较大的面料要先进行预缩，再熨烫平整。

2.排料：将面料平铺展开，按照排料图进行排料并用划粉画好轮廓线（注意面料的丝绺方向）。

3.裁剪：沿画好的排料图轮廓线依次将裁片裁剪下来备用。

4.开始制作：调整好平缝机，使线迹良好，针迹密度为12针/3cm，并使用与面料色彩相近的缝纫线。

5.做褶裥裙边：

（1）先将裁片 A_2 的宽度正面相对相互拼接，并将一侧长度方向包边，包边宽为1cm（图4-100），包边时注意观察花型有无方向，如果有方向则根据花型要求在底边包边；裙边的宽度方向两侧各卷边2cm。

（2）将裙边 A_2 的另一长度方向用抽裥压脚抽细褶，抽好后的长度为558cm。

6.装实心帽带嵌条：将床罩面布 A_1 床头横向卷边2cm后正面朝上，并将 B 布内包 $\phi 0.3$cm实心嵌线用单边压脚将嵌条固定于面布上（距离床头各20cm）（图4-101）。

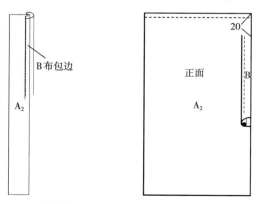

图4-100　做褶裥裙边　　图4-101　装实心帽带嵌条

7.将抽好细裥的裙边与床罩面布正面相对，沿着缉缝嵌线的位置上下片双层固定。

8.将床头位置与裙边宽度方向翻转20cm固定。

9.缝好后将毛边缝份拷边并剪净线头，并熨烫平整。

视频4-10　包边抽裥式床罩的制作

三、绗缝式床盖

（一）外形概述

床盖三层绗棉，外框拼边（图4-102）。

（二）绘制结构图

床盖成品规格200cm×240cm，绘制其平面效果图与平面结构图，图中数字单位为厘米（cm）（图4-103）。

A布：色织条格棉布（150cm幅宽）

B布：染色棉布（250cm幅宽）

C布：涤棉底布（250cm幅宽）

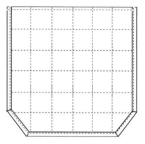

图4-102　外形图

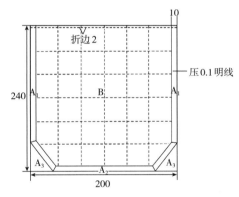

平面效果图

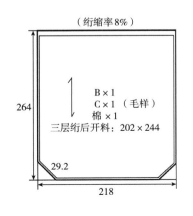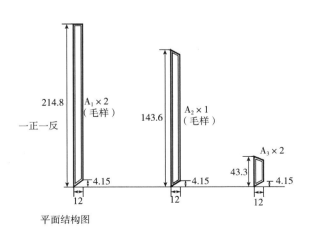

平面结构图

图4-103　绗缝式床盖的平面效果图和平面结构图

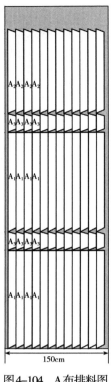

图4-104　A布排料图

（三）排料

A布采用十二条床罩套排的形式（注：条格面料需对条纹），排料图如图4-104所示。

B布采用一条床罩套排的形式，排料图如图4-105所示。

（四）用料计算

批量生产此床盖的大提花布（A布）单件用料为：

（214.8×2+43.3×2+143.6）÷12=54.99（cm）

B布用料为：264÷1=264（cm）

C布用料为：264÷1=264（cm）

单件用料见表4-10。

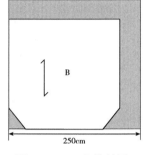

图4-105　B布排料图

表4-10　绗缝式床盖单件用料

原辅料及规格	耗用（cm）	损耗（2%）（cm）	实际耗用（cm）
A布150cm幅宽	54.99	1.1	56.09
B布250cm幅宽	264	5.28	269.28
C布250cm幅宽	264	5.28	269.28
喷胶棉220cm幅宽	264	5.28	269.28

（五）成品质量要求

1.拼缝处缝份为1cm，成品规格误差小于2cm。

2.缝纫针迹密度为12针/3cm，绗缝针密9针/3cm；缝纫轨迹匀、直，缝线牢固，卷边平服齐直，宽窄一致，不露毛；接针套正，边口处打回针不少于3针。

3.三层绗缝平整、不起拱、不起链；绗缝线色要和主面料颜色接近。

4.拼边平整，宽窄一致，不起链，不起拱。

5.成品外观无破损、针眼及严重色织、染色不良，成品图案位偏不超过2cm。

6.成品无跳针、浮针、漏针、脱线。

（六）重点与难点

绗缝、拼框。

（七）工艺流程

检查裁片、验片──▶绗缝──▶拼、压边框──▶卷边──▶整烫──▶检验

（八）制作步骤

1.将面料平铺展开，按照排料图进行排料并用划粉画好轮廓线（注意面料的丝绺方向）。

2.沿画好的排料图轮廓线依次将裁片裁剪下来备用。

3.B布、喷胶棉、C布对齐用多针绗缝机进行三层机绗，注意绗缝线色要和主面料颜色接近（图4-106）。

4.开始制作：调整好平缝机，使线迹良好，针迹密度为12针/3cm，并使用与面料色彩相近的缝纫线。

5.拼接床盖拼边：

（1）以A_1—A_3—A_2—A_3—A_1的顺序正面相对拼接拼边斜角。

（2）将拼接好的拼边拼合在床盖B布上，B布反面朝上，拼边正面朝下，沿毛边缉1cm直线（图4-107）。

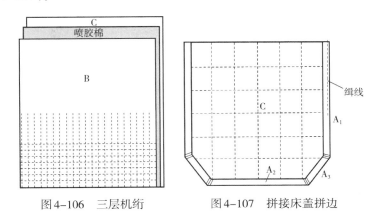

图4-106　三层机绗　　　　　　图4-107　拼接床盖拼边

（3）将拼边熨烫翻转，注意止口不反吐。翻转后将拼边的毛缝止口扣进1cm熨烫平整后并与绗缝面子固定压0.1cm止口（图4-108）。

6.翻转床盖，底布朝上，将床头毛边部分折边2cm并剪净线头熨烫平整（图4-109）。

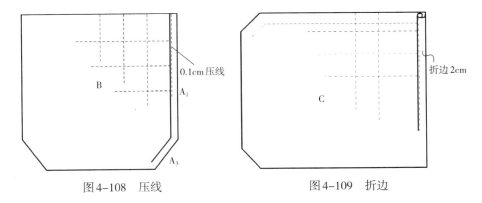

图4-108　压线　　　　　　　　图4-109　折边

第六节　配套床上用品的结构与工艺

一、产品概述

床上用品在设计时通过会考虑产品的配套性，最常用的配套产品包含床单、被套、枕套3种产品，在面料、款式结构与工艺上进行配套设计（图4-110）。床单为印花面料，尾部打圆角；被套正面为素色面料，背面为印花面料，正面拼接处嵌实心嵌条并贴布绣花，绣花下方装有盘扣；枕套纹样左右对称，正面一侧拼接处装实心嵌线并装有盘扣，另一侧上下居中贴布绣花（图4-111）。

图4-110　配套床上用品设计

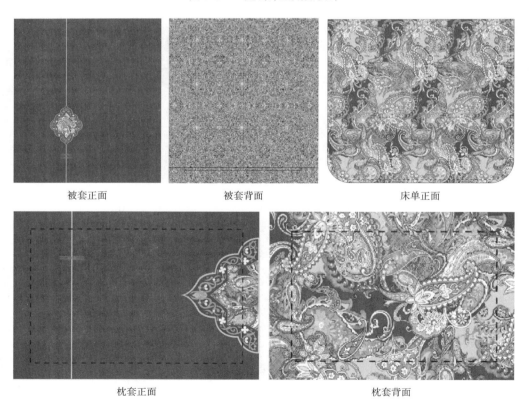

被套正面　　　　　　　　　　被套背面　　　　　　　　　　床单正面

枕套正面　　　　　　　　　　　　　枕套背面

图4-111　配套床上用品设计细节

二、绘制结构图

绘制其平面效果图与平面结构图：被套的成品规格220cm×240cm，床单的成品规格270cm×245cm，枕套成品规格为（48+6）cm×（76+6）cm，图中数字单位为厘米（cm）（图4-112，彩图25）。

A布：全棉印花棉布（250cm幅宽）

B布：全棉印花棉布（250cm幅宽）

C布：全棉素色棉布（250cm幅宽）

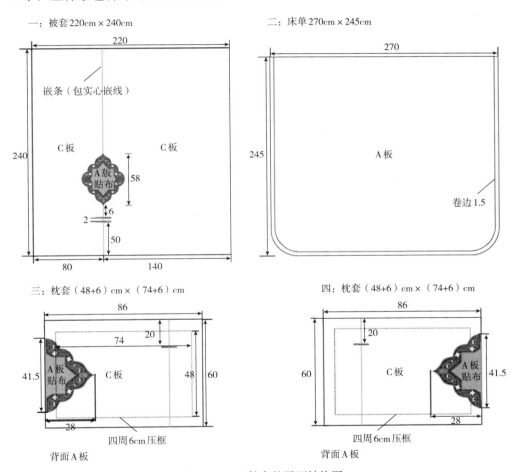

图4-112　四件套的平面结构图

✦ 小提示

1.此套绣花床品的设计图与结构图中枕套为对称设计，在绣花图案定位、嵌条分割线与盘扣的定位都要分别标明，不然容易出错。

2.结构图中A板贴布绣花部分需绘制1:1绣花图案与制板文件，用于电脑绣花。

思考与练习题

1.制作床上用品的常用面料有哪些？

2.设计床上用品时不同的色彩对人的视觉感受有何不同？

3.床上用品常见的款式有哪些？

4.床上用品的常见工艺方法有哪些？

5.按照三款枕套的结构与工艺进行制作。

6.按照两款被套的结构与工艺进行制作。

7.按照两款床单的结构与工艺进行制作。

8.按照三款床罩的结构与工艺进行制作。

9.设计并制作一套床上用品，设计主题与工艺方法自定，要求附设计说明，并绘制其生产工艺单（包括平面效果图、平面结构图、排料图、用料表与工艺要求等）。

第五章　窗帘的设计与工艺

学习目标

1. 了解窗帘的不同分类。
2. 掌握窗帘的色彩、图案、款式、材质等元素搭配设计的方法。
3. 学习窗帘面料的用料计算。
4. 掌握常见窗幔的设计与制作方法。
5. 了解窗帘的扣襻、系带、褶裥等常用工艺方法。
6. 学习四款窗帘的制作方法。
7. 掌握窗帘的效果图、结构图与排料图绘制、生产用料的计算。
8. 在窗帘设计与制作中，注重传统文化元素的运用，增强文化自信，培养学生的创新意识和工匠精神。

引导语

　　窗帘作为室内装饰的重要元素，不仅在遮光、防风、保温等功能上起到重要作用，还能通过色彩、图案和款式的设计提升空间的整体美感。本章将详细介绍窗帘的设计与工艺，通过对窗帘的分类、色彩、图案、款式、材质等方面进行学习，全面掌握窗帘的制作技术。同时，本章结合中华传统文化元素，探讨了窗帘设计中的文化传承与创新，弘扬了中华优秀传统文化。通过本章学习，学生不仅能提升审美能力和动手能力，还能增强对中华优秀传统文化的认同感和自豪感，在现代设计中融入文化内涵，体现我国的文化自信。

第一节　窗帘的分类

　　窗帘是家居软装设计中的重要组成部分。窗帘属于挂帷遮饰类，主要功能是遮掩窗户及两侧的墙，起阻挡视线、调节光线、温度、声音的作用。窗帘除了具有遮光、保暖、降低噪声、防紫外线等功能外，它的装饰性随着大众生活水平和审美情趣的提高，也越来越受到人们的重视。由于窗帘一般面积较大而且呈纵向悬挂式，可以像墙壁一样作为衬托家具的背景；同时窗帘松软、柔和的线条与平整、硬挺的墙壁形成对比，体现优美的视觉效果（彩图26）。所以在室内装饰中，窗帘的设计效果往往对整体视觉效果起着举足轻重的作用，如图5-1所示。

图5-1　窗帘设计效果对整体视觉效果的影响

一、窗帘的种类

窗帘的种类繁多，大体可分为布艺帘、成品帘、智能窗帘等。

（一）布艺帘

布艺帘是用布缝纫制作而成的窗帘，布艺帘一般包括窗幔、帘身、系带、花边配饰等几部分（图5-2）。按照窗帘的造型、开启方式、制作工艺等可以划分非常多的种类。

图5-2　布艺帘的组成

布艺帘从开启方式上分为横向拉启式和纵向拉启式两种。

1.横向开启式：横向开启式窗帘采用横向拉启的方式，常用于一般家庭的客厅、卧室、酒店客房等，有些窗帘会增加窗楣和系带。横向开启式窗帘上方可利用窗帘轨道、窗帘杆、挂钩等固定，不同的窗帘轨道与窗帘杆需要适合的窗帘款式与之搭配。以下列举几种常见的款式。

（1）扣襻式窗帘。窗帘上端用扣襻进行固定，扣襻的形式、大小、疏密可以根据需要作不同的设计，如图5-3所示。这类窗帘一般用于具有装饰性的窗帘杆上。

（2）绑带式窗帘。窗帘上端用绑带进行固定，绑带的大小、长短、疏密可以随意调整呈现出不同的效果，如图5-4所示。这类窗帘也常用于装饰窗帘杆上，随意而不失浪漫。

（3）平拉式窗帘。平拉式窗帘拉启方便，也是目前市场上最多的窗帘形式（图5-5），适合各种

图5-3　扣襻式

有挂钩的窗帘轨道，不管是有窗帘箱隐藏的轨道还是各种富有装饰性的窗帘杆。平拉式窗帘是在窗帘上端反面缝制时加入了织带固定，通过窗帘钩穿过织带上的孔形成不同的褶裥效果。

图5-4　绑带式

图5-5　平拉式

2.纵向拉启式窗帘：纵向拉启式窗帘主要是利用拉绳使窗帘上升收起，如罗马帘、奥地利帘等。

（1）罗马帘是利用横杆的作用使窗帘一节一节地收起，收起后完全不影响视线。造型简洁，适用于窄而高的窗形。在款式设计上，罗马帘的下摆线是体现变化的要点，可以分为直线形、弧线形、锯齿形或利用花边、穗子等进行装饰，如图5-6所示。

（2）奥地利帘在拉启时呈现横向的褶皱重叠效果，造型复杂，装饰效果强，适用于较宽大的空间环境，具有古典美，如图5-7、图5-8所示。

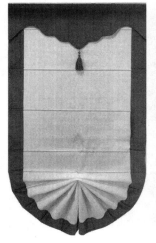

图5-6　罗马帘　　　　　　　　　图5-7　奥地利帘1　　　　　　　　图5-8　奥地利帘2

布艺帘可以防噪声，质地以棉、麻、化纤等为佳。一般来说，越厚的窗帘吸音效果越好。棉、麻、化纤是窗帘常用的材料，易于洗涤和更换，适用于卧室；纱质窗帘装饰性较强，能增强室内的纵深感，透光性好，适合在客厅、阳台等使用。

（二）成品帘

成品帘根据外形及功能不同可分为卷帘、垂直帘、折帘等，如图5-9所示。

图5-9　成品帘外形

1.卷帘：卷帘主要包括电动卷帘、拉珠卷帘、弹簧卷帘。卷帘具有外表美观简洁，结构牢固耐用等诸多优点。

卷帘适用于多种场所，如商务办公大楼、宾馆、餐厅、办公室、卧室等，尤其适用大面积玻璃幕墙。当卷帘放下时，能让室内光线柔和，免受直射阳光的困扰，达到很好的遮阳效果，当卷帘升起时它的体积又非常小，不易被察觉，如图5-10所示。

2.垂直帘：垂直帘的叶片垂直悬挂于上轨，可左右自由调光达到遮阳的目的，适用于办公场所、时尚简约的室内空间，如图5-11所示。

图5-10　卷帘　　　　　　　　　　　　　　图5-11　垂直帘

3.折帘：折帘根据其功能不同可以分为百叶帘、日夜帘、蜂巢帘、百折帘等。其中百叶帘的特点是能任意调节光线，使室内光线富有变化，当帘片转置平行时，光线柔和，既可适度保持隐私又可观看到窗外景色；帘片转置垂直并拢时，就可以起到遮挡视线，保护隐私的作用（图5-12）。日夜帘由两种面料组合而成，可在透光与不透光之间任意调节。白天日夜帘将强烈的日光转变成柔和的光线，能有效防晒，实现保护室内家具的效果；夜间日夜帘选用全遮光的材料，让人安然入睡（图5-13）。蜂巢帘设计独特，每一页片呈六边蜂巢状，有吸音效果（图5-14）。百折帘是室内简约风格中常用的装饰型窗帘，由单层轻巧的纤维布经高温高压定型定色制成，能上下操作，并能根据实际情况调节，轻巧、实用又美观（图5-15）。

图5-12　百叶帘　　　　　　　　　　　　　　图5-13　日夜帘

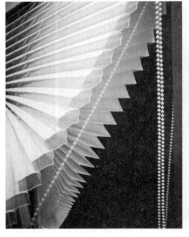

图5-14　蜂巢帘　　　　　　　　　　　　图5-15　百折帘

（三）智能窗帘

电动产品为人们的生活带来了便利，随着科技的发展，电动窗帘逐渐向智能窗帘升级。智能窗帘是有一定调节、自我反应、控制功能的窗帘，可以根据室内环境来自动调节光线强度、空气湿度、平衡室温等，它的三大特点是智能光控、智能雨控、智能风控。目前智能窗帘产品不但实现了电动化，可通过红外线、无线电遥控或定时控制实现自动化，而且运用了阳光、温度、风等电子感应器，实现产品的智能化操作。用智能手机可以管理电动窗帘窗饰及外遮阳设备，同时还可以管理自然光线，满足客户对生活舒适和隐私保护的需求。直观智能、有趣时尚，轻松实现智能生活。

✦ 小提示

窗帘的种类要根据窗户的种类和房间特点来定，详见视频5-1、视频5-2。

视频5-1　知窗知帘　　　　　　　　　视频5-2　知窗知帘
窗户的种类　　　　　　　　　　　　窗帘的种类

二、窗幔的种类

窗幔指窗帘上部的幔头，属于窗饰中的一种，起初常用来遮挡窗帘轨道或窗帘盒，是窗帘不可或缺的配套之一。在窗帘的细节设计中，窗幔占首要地位，花边、束带的设计都受到窗幔的影响。它丰富多彩的造型直接决定了窗帘的风格，或繁富华丽，或简约理性，或感性浪漫，或知性优雅。窗幔跟窗帘融为一体，是常见美化窗帘的点睛品。

（一）平幔

平幔是根据窗帘风格及面料花型等特点裁剪成各种平造型的幔。平幔通过改变帷幔的上下线型来形成不同效果的造型，其特点为简约、实用，适用于客厅、卧室、书房等空间，如图5-16、图5-17所示。

图5-16　平幔1

图5-17　平幔2

（二）抽拉幔

抽拉幔是通过对面料进行抽拉形成大小、疏密不同变化的褶皱造型的窗幔，多配合专用抽带形成均匀的褶皱，造型饱满、立体感强，适用于客厅、卧室等，如图5-18所示。

（三）水波幔

水波幔是一种在欧美非常流行的窗帘。由于其挂起来呈水波形状，故美其名为水波幔。水波幔整体造型大气、富贵，通常采用垂感好的布或纱，适用于风格明显的欧式、简欧等家居空间以及酒店大厅、卖场展示等场所，如图5-19所示。

（四）搭幔

搭幔是空心波幔顺着罗马杆搭置而成的自然波状造型的窗幔。其特点大气、富贵，通常采用垂感好的布、纱，多用于客厅。搭幔只适用于无窗帘盒，而选用罗马杆的窗户，如图5-20所示。

图5-18　抽拉幔

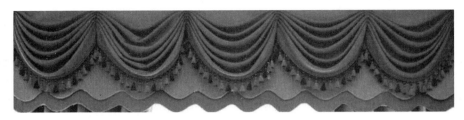

图5-19　水波幔

图5-20　搭幔

（五）工字幔

工字幔是用"工字"折叠的形式形成的窗幔造型。工字幔的特点为整齐有韵律，需要选择悬垂感好的面料进行制作，如图5-21、图5-22所示。

视频5-3　知窗知帘
窗幔的种类

图5-21　工字幔帘

图5-22　工字幔细节图

三、窗纱的种类

窗纱也称纱帘，一般悬挂于窗帘的最外层，质地轻薄，具有较好的透气透光性，呈半透明状，为室内提供和谐的采光效果，同时使强烈的阳光变得柔和、舒服，呈现出朦胧的美感，可增加室内轻柔飘逸感，如图5-23所示。

图5-23　窗纱效果

大多数家庭喜欢选择常见的棉麻类材质的窗纱，这种类型的窗纱便于洗涤和打理，遮光性不错，比较适用于卧室；而涤纶纤维类的窗纱则讲究装饰性，透光性较好，适合用在客厅或阳台；而绸缎、植绒等相对质地比较细腻的窗纱，则由于遮光和隔音效果均比较好，更适合用在卧室。

窗纱织物主要有机织与经编两种织造类型，薄形窗纱通常由涤纶长丝在特宽幅织机上织造而成，也有采用竹节纱、结子纱、花圈纱、雪尼尔纱等花式纱织成，织物风格别致。窗纱织物大多采用平纹组织、纱罗组织、联合组织等，如图5-24所示。

视频5-4　知窗知帘
窗纱的种类

图5-24　窗纱种类

四、辅料的种类与配件

想要完美表达不同风格的窗帘，除了主布外，还需要一些辅料起点睛之笔的作用。下面对窗帘的辅料进行介绍。

1.窗帘辅料：

（1）纺织辅料。绳排须、穗花边、毛花边、花边带、绳编、小穗、大穗、绣花边、蕾丝花边、纱带、缎带、包边条、成品饰花等，如图5-25所示。

（2）非纺织辅料。水晶、珍珠、亮片、木珠、纽扣类、鸡眼、艺术圈、皮带扣、水晶钻、绳骨类、夹类等，如图5-26所示。

图5-25　纺织辅料　　　　　　　　　图5-26　非纺织辅料

2.窗帘配件：窗帘的配件主要有窗帘轨道、窗帘杆、窗帘钩、挂钩等。图5-27所示是具有较强装饰性的窗帘杆。

视频5-5　知窗知帘
辅料的种类

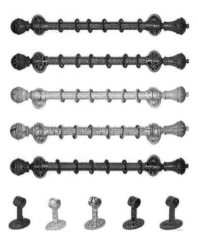

图5-27　窗帘配件

第二节　窗帘的设计

一、色彩设计

窗帘由于在空间立面上所占面积较大，且位于较明显的位置，其色彩是家居整体色调组合中的一个重要元素。窗帘色调的选择，应以房间的整体色调为基础。

如果要营造出和谐静谧的家居氛围，可以采用相同色系或邻近色系的窗帘，以不同明度、纯度进行深浅层次的搭配，统一中求变化，可以塑造出比较高级感的空间，见彩图27。

如果要营造出轻松活泼的家居氛围，可以采用差异色系组合，通过将窗帘与床品、桌布、沙发、地毯等布艺产品进行不同色系搭配，形成一种跳跃的韵律感，使房间富有生机。当家居设计采用较多颜色时，可以适当降低窗帘的明度或纯度，或使用材质相近的窗帘进行统一；也可采用大面积的对比色，尤其是窗帘上图案的颜色反差大，能够彰显个性，突出空间的张力感，见彩图28、彩图29。

二、图案设计

窗帘图案的选择，在服从房间的基本色调的基础上，更应体现个人的兴趣、品位、审美等，图案的取舍得当，可以起到锦上添花的效果，和装饰画一样，成为房间里一道亮丽的风景线，见彩图30。

窗帘面料图案主要有两种类型：一种是抽象型（又叫几何形），如方、圆、条纹、纹样及其他形状，如图5-28所示；还有一种具象型，如花朵、叶子等生活中常见的图案，如图5-29所示。

图5-28　抽象型面料图案

图5-29　具象型面料图案

窗帘图案的选择，要与房间的窗户大小、居住者的年龄及室内家具风格相协调。不同年龄段的人对图案、颜色等喜好不同。年轻人房间的窗帘以个性化、抽象的几何图案为主，如图5-30所示；老人房间的窗帘可以选择花草、山水等自然图案，如图5-31所示；小孩房间的窗帘多采用动物、玩具等充满童趣的图案，如图5-32、图5-33所示。选择窗帘图案时应注意，不宜过于繁杂，要考虑打褶后的整体效果。

图5-30　窗帘图案1

图5-31　窗帘图案2

图5-32　窗帘图案3

图5-33　窗帘图案4

较大的图案会有强烈的视觉冲击力，但会使空间感觉有所缩小，多适用于较大的空间。较小的房间可以选择较小的花型，令人感到温馨、恬静氛围的同时，且会使空间感有所扩大。如窗户短，不宜选用横的花纹或图案，会使窗户显得更短，而应采用竖的花纹与图案，以增加"高"的感觉；窗帘图案不宜选择斜纹，否则会使人产生倾斜感。图案大的窗帘不宜用于小窗户上，以防窗户显得狭小，如图5-34、图5-35所示。

窗帘图案选择最有效的方法就是从空间中提取类似的元素，既容易形成较强的系列感也可以营造出整体的空间气氛，见彩图31。

图5-34　窗帘图案5　　　　　　　　　　图5-35　窗帘图案6

三、材质设计

窗帘的材质主要有棉、麻、真丝、化纤等。棉窗帘柔软舒适、麻窗帘自然挺括、真丝窗帘优雅精致，纱帘柔软飘逸等，各有所长，如图5-36、图5-37所示。

图5-36　窗帘材质1　　　　　　　　　　图5-37　窗帘材质2

不同房间由于功能不同，需要搭配不同质地的窗帘。如客厅、餐厅的窗帘对遮光性要求不高，可以选择豪华、优美、垂感好，挺阔的装饰性面料（图5-38）。卧室的窗帘要求遮光、厚实、温馨、安全，以保证睡眠质量和保护生活隐私（图5-39）。书房窗帘可以采用较轻薄的材质，既能保护隐私又有一定的透光性，有利于工作学习。浴室、厨房的窗帘要求实用性比较强，需要选择透气、阻燃、易清洁的材质。

图5-38　客厅窗帘

图5-39　卧室窗帘

随着人们生活水平的提高，对于窗帘的要求也越来越高，选择窗帘面料还应考虑不同的季节。春秋季可以选用较常规的中厚质地面料；夏季窗帘宜用透气凉爽、质料轻薄的纱或绸；冬天宜选用质地较厚、保暖性强的绒线布等。不同质地的窗帘还会产生不同的装饰效果。丝绒、缎料、提花织物具有雍容华贵的装饰效果，如图5-40所示。棉麻或手染土布等能创造一种自然平和的装饰格调，如图5-41所示。

图5-40　雍容华贵风格

图5-41　自然平和风格

人们常常会关注窗帘的色彩和图案，但窗帘材质是最有效的载体，呈现出窗帘最美的样子，充分掌握材质的特性，对设计制作窗帘会大有助益。

四、款式设计

窗帘款式设计主要体现在窗幔、帘身、花边的不同组合，以及开启方式、固定方式等方面。

（一）窗帘款式的整体设计

窗帘款式的整体设计，要根据窗户的实际情况，结合主人的喜好量身定做。窗帘的样式应与窗户外形相适应。若是落地窗，一般以落地窗帘为主，简洁大气，也可以选择拖地窗帘，营造一种富贵华丽的效果；若为半窗，窗帘可以选择盖住窗户的半帘，也可以是盖住整个窗户的落地帘；若为小窗，窗帘的设计采用升降式为宜，一是用料少，二是窗帘收起来时是层叠状，富有立体感，节省空间。若为高窗，可采用窗幔加帘身的组合，改变窗户的视觉比例。

普通型的窗户采用常见设计，可以帘身搭配窗幔或直接使用帘身，结合外布和内纱采用对开的形式。

前面已经介绍过窗幔的不同造型，在这里着重介绍帘身的造型设计，如图5-42、图5-43所示。

图5-42　窗帘款式整体设计1

图5-43　窗帘款式整体设计2

（二）帘身的造型设计

这里讲的帘身是广义的，可分为平拉式、掀帘式等。平拉式平稳匀称，掀帘式柔和优美。

1. 平拉式：具体介绍见本章第一节。它分为一侧平拉式和双侧平拉式，如图5-44所示。

2. 掀帘式：这种形式的窗帘装饰性强，可以在窗帘中间系一个蝴蝶结或者绑带，起固定装饰的作用。窗帘可以掀向一侧也可以掀向两侧，形成柔美的弧线，多适用于客厅、餐厅等公共区域，或者样板房、酒店、会所等公共场所，以装饰性为主，如图5-45所示。

图5-44　平拉式窗帘

3.吊起式（升降式）：这种窗帘可以根据光线的强弱而上下升降，当阳光只照到半个窗户时，吊起式窗帘既不影响采光，又可遮阳，适用于宽度小于1.5米的窗户，如图5-46、图5-47所示。

4.绷窗固定式：这种窗帘上下分别穿套在两个帘轨上，然后将帘轨固定在窗框上，可以平拉展开，也可用饰带或蝴蝶结在中间系住，这种式样适用于浴室或卫生间，如图5-48所示。

图5-45　掀帘式窗帘

图5-46　吊起式窗帘1

图5-47　吊起式窗帘2

图5-48　绷窗固定式窗帘

（三）系带的造型设计

系带主要起到收拢扎结的作用，可以在整个窗帘上形成点或线的视觉效果。系带可以用穗子或布料为材料，结合色彩、图案的变化起到装饰作用。系带虽然比例较小，但其造型却可以千变万化。搭配简洁的窗帘，系带可以选用平直的款式（图5-49、图5-50），起到收拢帘身的作用；搭配水波幔等造型复杂的窗帘，系带可以采用蝴蝶结、抽褶、荷叶边、绑穗等装饰性较强的系带（图5-51）。搭配平幔等优雅窗帘，可以选用绑穗、木饰扣等精致的系带，如图5-52所示。

图 5-49　平直式系带 1

图 5-50　平直式系带 2

图 5-51　绑穗系带

图 5-52　木饰扣系带

五、窗帘设计的步骤与方法

　　窗帘就像是高定的时装，有着丰富多样的造型、材质、颜色、图案、工艺等元素，与家居软装设计风格有着紧密的关系。所以，在窗帘的选择方面，设计风格是第一要求。

　　1.风格定位：根据客户家装条件及空间具体尺寸为参考依据，进行不同风格窗帘的初步设计，如图 5-53、图 5-54 所示。

图 5-53　窗帘风格 1　　　　　　　　　　　　　图 5-54　窗帘风格 2

　　2.预算定位：产品价格有高、中、低之分，根据消费者的预算情况，在确定了产品的档次和特点的前提下进行窗帘设计。日常家居中，如果是比较简洁的环境，可以搭配素色的平拉帘、对开帘等经济实惠的窗帘设计，营造出干净整齐的居住氛围。

　　3.面料定位：通过上述两点确认窗帘样式后，根据消费者的爱好，选定窗帘面料。窗帘面料可以从色彩、图案以及厚薄等几个元素考虑。一般蓝、紫等冷色让人感觉安静、清爽；红、橙等暖色使人感觉温馨、愉快。明亮色调的窗帘使房间看上去空间大，常用来装饰较小较暗的房间；深暗色调的窗帘使房间看上去稳重大气，可以用来装饰空间较明亮、宽敞的房间，如图 5-55、图 5-56 所示。

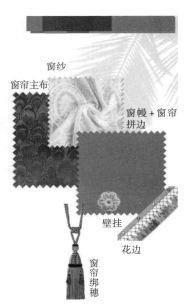

图 5-55　窗帘面料定位 1

窗幔

窗帘主布

窗纱

花边

窗帘款式图

家具款式图

窗帘绑穗

壁挂

图5-56 窗帘面料定位2

4.**款式设计**：在风格、面料确定的前提下进行窗帘款式细节设计。窗幔、帘身、花边等设计都要根据家居风格来确定。例如，欧式风格强调以华丽的装饰、浓烈的色彩、精美的造型达到雍容华贵的装饰效果，所以可以选用水波幔、罗马帘、奥地利帘作为帘身，配以华丽的流苏、花边、流苏球等，如图5-57所示。中式风格多选择平幔帘身，可以搭配雅致刺绣的花边，如图5-58所示。

图5-57 欧式风格窗帘款式设计

123

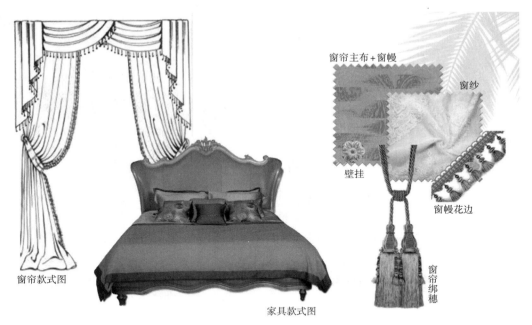

图5-58 中式风格窗帘款式设计

5.效果图设计：通过计算机辅助设计的方法，将面料与款式结合起来，并模拟应用到相应的空间中，得到效果图，与客户进行沟通，修改完善后确定最终窗帘的整体设计。

✦ **小知识**

1.窗帘的设计步骤与方法详见视频5-6。
2.窗帘的用料计算详见视频5-7。

视频5-6　窗帘的设计　　　　视频5-7　窗帘的用料计算

第三节　窗帘的用料计算

一、常见名词

确定好窗帘的样式之后，就要进行窗帘的整体用料计算。本节先简单介绍几个与面料有关的名词。

门幅：门幅又称幅宽，指面料的全幅宽，就是面料的实际宽度，通俗点说就是布边到布边的纬向长度。

挑选窗帘面料时，有定宽和定高两种选择。

定宽面料：宽度固定，高度无限的面料。幅宽有1.35~1.6m的窄幅（图5-59）和2.8~3m宽幅（图5-60）两种，适合各种窗型的窗帘制作，尤其适合做挑高窗帘。

定高面料：高度固定，宽度无限的面料，通常幅宽为2.8~3m，如图5-61所示。窗纱多为定高面料，因为纱透明，如果有接缝会影响美观。当窗户的高度 $h \leqslant 2.6m$ 时，定高面料较为经济实用；当窗户的高度 $h \geqslant 2.6m$ 时，宜选定宽面料。以下数字单位为米（m）。

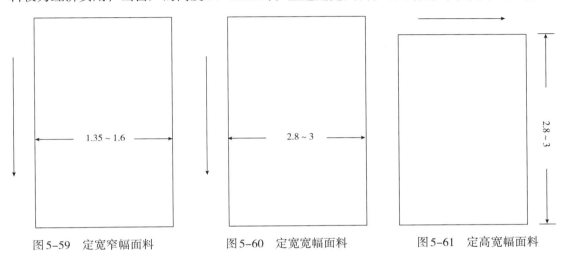

图5-59 定宽窄幅面料　　　图5-60 定宽宽幅面料　　　图5-61 定高宽幅面料

褶皱倍数：为了营造出不同风格窗帘褶皱的疏密，在计算用料时，用窗户宽度的倍数来确定褶皱量。风格越复杂，褶皱量大，褶皱倍数就越大；风格越简单，越简洁，褶皱倍数就越小。窗户的高低也会对褶皱倍数产生影响，一般窗户越高，建议褶皱倍数越大，而窗户越矮，褶皱倍数就适当减小。

二、计算方法

（一）对开帘的计算方法

1.定高买宽的用料计算方法。

窗户宽：a　窗户高：b

帘身用料：$a \times$ 褶皱倍数 = 用布米数

窗纱用料：$a \times$ 褶皱倍数 = 用布米数

常见窗帘用料褶皱倍数选择2倍的居多。对于欧式、美式、法式、新古典等相对比较复杂的装饰风格，一般情况下褶皱倍数在2.3~3倍；对于轻奢、中式等装饰风格，一般褶皱倍数在1.8~2.5倍。对于现代、北欧等简洁的装饰风格，一般褶皱倍数在1.6~2.3倍。此外，窗帘用料还要根据整体造型及面料厚薄等实际情况综合考虑，不能一概而论。

而定宽买高多适用于没有花型局限性的产品，多用于高度比较高的窗户。

2.定宽买高的用料计算方法。

窗户宽：a　窗户高：b

$a \times$ 褶皱倍数/（1.4幅宽或者2.8幅宽）=用布幅数（强制性进位取整数）

用布幅数 $\times$（b+0.3m折边）=用布米数

以宽3.5m、高2.6m窗户为例：

如果是1.4m幅宽，褶皱倍数为2倍的面料。

用布幅数=3.5$\times$2/1.4=5（幅）

用布米数=5$\times$（2.6+0.3）=14.5（m），可以买14.5m。

如果是2.8幅宽的布料，褶皱倍数为2倍。

用布幅数=3.5$\times$2/2.8=2.5（幅），取整数为3幅。

用布米数=3$\times$（2.6+0.3）=8.7（m），可以买9m。

3.根据花距的用料计算方法。

如果是面料上有图案，需要考虑花型对位的时候，在用料计算中要考虑花距。花距是指花型图案中相邻的重复花型间的距离，即花型最小循环间的距离，可分为纵向和横向间距，一般面料、墙纸行业中默认为纵向花距，如图5-62所示。

图5-62　花距

常见印花类面料的花距，小花图案为0.16m，中花图案为0.32m，大花图案为0.64m。当定宽面料为花纹或有规律的条格图案时，花型对接才能保证窗帘的完整美观性。

根据花距的用料计算方法：

窗户宽：a　窗户高：b　花距：f（小花图案为0.16m，中花图案为0.32m，大花图案为0.64m）

$a \times$ 褶皱倍数/（1.4幅宽或者2.8幅宽）=用布幅数（强制性进位取整数）

（b+0.3m折边）/f=纵向循环数（强制性进位取整数）

$f \times$ 纵向循环数=每幅高度

总用量（总用布米数）=每幅高度 $\times$ 用布幅数

以宽3.5m、高2.6m窗户为例，假设花距为0.64m，褶皱量为2倍，选用2.8幅宽的面料。

用布幅数3.5×2/2.8=2.5（幅），取3幅。

纵向循环数（2.6+0.3）/0.64=4.5（循环），取5个循环。

每幅高度5×0.64=3.2（m）

总用量为3.2m×3幅=9.6m，可以裁剪10m面料。

（二）罗马帘的计算方法（图5-63）

（成品帘宽+0.1m）/幅宽=幅数（强制性进位取整数）

幅数×（成品帘高+0.1m）=用布米数

（窗户宽度超过1.5m不适合做平行罗马帘）

（三）奥地利帘的计算方法（图5-64）

成品帘宽×褶皱倍数/幅宽=幅数（强制性进位取整数）

幅数×（成品帘高+0.1m）=用布米数

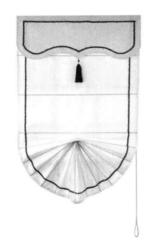 

图5-63　罗马帘　　　　　　图5-64　奥地利帘

（四）窗幔的计算方法

1.水波幔的计算方法（图5-65）。

水波幔成品高度×褶皱倍数×幅数=用布米数

（水波的宽度一般0.6~0.7m，可以根据实际情况进行调整，1个波为1幅数）

图5-65　水波幔

边旗：一条算一幅，左右对称需要2幅，常规是单个边旗为1.2～1.5m高，0.3m宽。

波的个数：

（成品水波幔宽－两边边旗宽度）/75cm=个数

（常规单个波的用料计算为1.4m×1.4m1个，波宽小于0.7m也按1.4m×1.4m计算）

2.工字幔（图5-66）或抽拉幔（图5-67）计算方法。

成品帘宽 × 褶皱倍数/幅宽=幅数（强制性进位取整数）

幅数 ×（成品幔帘高+0.1m卷边）=用布米数

图5-66 工字幔

图5-67 抽拉幔

第四节　窗幔的设计与制作

窗幔在窗帘的设计中变化丰富，其款式多样，是引人注目的焦点。抽拉幔、平幔、水波幔等造型在窗帘布艺的演变发展中日渐成熟，成为市面上较为常见的窗幔样式。窗幔的设计与风格、帘身高度、宽度都有着紧密的关系，一般窗幔的高度都按帘身高度的比例来计算，帘身越矮比例越小，帘身越高比例越大。

一般常用的比例见表5-1。

表5-1　常用窗幔与帘身比例

帘身成品高	帘款	窗幔占帘身高度比例
1.5～3.0m	平板	$\frac{1}{7}$～$\frac{1}{6}$
	水波	$\frac{1}{6}$～$\frac{2}{9}$
3.0～3.5m	平板	$\frac{1}{7}$～$\frac{1}{6}$
	水波	$\frac{1}{5}$～$\frac{1}{4}$

帘身成品高	帘款	窗幔占帘身高度比例
3.5~4.0m	平板	$\frac{1}{5}\sim\frac{1}{4}$
	水波	$\frac{1}{4}\sim\frac{1}{3}$
	中低边高	中$\frac{1}{4}\sim$边$\frac{1}{3}$
4.0~6.0m	水波	$\frac{8}{25}$

✦ 小知识

3.5m以上高的窗幔款可采用二层以上的综合款式。

一、抽拉幔的结构与工艺

（一）外形概述

抽拉幔是按照固定的宽度进行均匀平整的打褶处理的窗幔样式，褶皱感强。如图5-68所示。

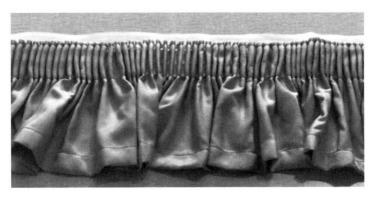

图5-68　抽拉幔

（二）绘制效果图与结构图

成品规格为140cm×35cm，根据样品绘制抽拉幔效果图、展开图与结构图，如图5-69所示。专用抽带尺寸如图5-70所示。

A布：涤纶仿麻织物，幅宽160cm

结构图尺寸说明：从展开图中可以看到，窗幔上部的缝份为2cm，下部有4cm的卷边，在放量时除了虚线表示的卷边尺寸外还要再加上折进的1cm缝份，所以35cm高度毛样尺寸为：35+2+4+1=42（cm）；抽拉幔宽度的褶皱倍数为3倍，左右两边各卷边4cm，在放量时除了虚线表示的卷边尺寸外还要再加上折进的1cm缝份，所以宽度毛样尺寸为：140×3+4+4+1+1=430（cm）。

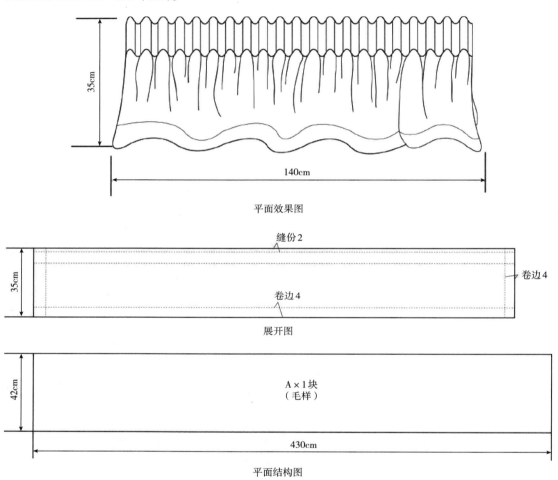

图5-69　抽拉幔的平面效果图和平面结构图

图5-70　专用抽带尺寸图

（三）排料

A布排料图如图5-71所示。

（四）用料计算

根据结构图与排料图生产此窗帘的单件用料计算如下：

A布排料图中160cm的幅宽能排3块，所以一块的用量是：430÷3=143.3（cm）。

单件用料见表5-2。

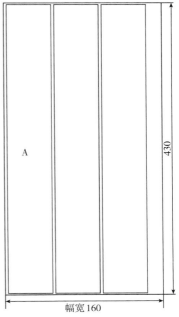

图5-71　A布排料图

表5-2　窗幔单件用料

原辅料及规格	耗用（cm）	损耗（2%）（cm）	实际耗用（cm）
A布160cm幅宽	143.3	2.9	146.2

（五）成品质量要求

1.成品外观无破损、针眼及严重色织染色不良。

2.成品无跳针、浮针、漏针、脱线。

3.针迹密度为12针/3cm。

4.缝纫轨迹匀、直、牢固，卷边拼缝平服齐直，宽窄一致，不露毛；接针套正，边口处打回针2～3针。

5.抽拉褶皱均匀，成形良好。

6.成品规格误差小于2cm。

（六）重点与难点

1.抽拉幔的制作。

2.抽拉幔效果图、结构图的绘制，用料计算。

（七）工艺流程

检查裁片、验片──→画样、裁剪──→车缝抽带──→做卷边──→熨烫──→抽拉──→整理定型

（八）材料准备

窗幔专用抽带（图5-72）：布带内有3～4根小抽带，有3根抽带的叫三线抽带，有4根抽带的叫四线抽带，可以抽拉使窗帘形成均匀的褶皱，是帘头、窗幔的专用抽带，常见抽缩率为3倍。

图5-72　窗幔专用抽带

（九）制作步骤

1.先将面料熨烫平整，缩水率大的面料要先进行预缩，再熨烫平整。

2.排料：将面料平铺展开，按照排料图进行排料并用划粉画好轮廓线，毛样尺寸为430cm×42cm。（注意面料的丝缕方向）。

3.做卷边，将面料三边进行4cm卷边车缝。

4.车缝抽带：注意要先将抽绳拉出3～4格，否则车缝之后就不容易抽拉出来。将主布顶部反面折进2cm缝份，再将抽带反面压在主布反面，进行上下两边车缝，注意缝份0.5cm，如果缝份过大，会踩住抽带抽绳的地方，影响抽拉。

5.熨烫，将做好的抽拉帘进行高温熨烫。熨烫平整后，拉动抽带，一边抽拉一边进行整理，最终将抽拉帘抽拉至140cm。

6.剪净线头，进行检验包装。

视频5-8　抽拉幔的制作　　视频5-9　平幔的制作

二、平幔的结构与工艺

（一）外形概述

带有中旗的平幔，简约而不简单，表面没有褶皱，用料相对比较节省，通过中旗的装饰，在整体中有一点变化，层次丰富，如图5-73所示。

图5-73　带有中旗的平幔

（二）绘制效果图、展开图与结构图

成品平幔规格为252cm×35cm，中旗规格12cm×35cm。根据样品绘制的平幔效果图与展开图（图5-74，平面结构图5-75）。以下数字单位为厘米（cm）。

A布：涤/棉色织布，幅宽280cm

B布：涤/棉色织布，幅宽280cm

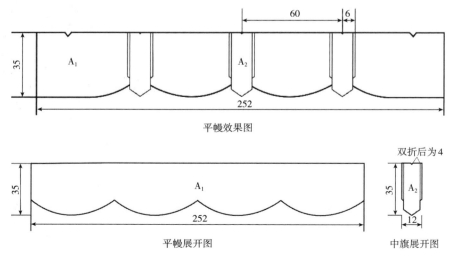

图5-74　平幔的平面效果图、平幔展开图、中旗展开图

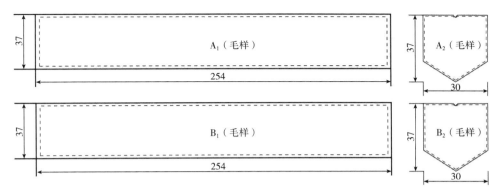

图5-75　平幔结构图

结构图尺寸说明：从展开图中可以看到，平幔的放量需加上折进的1cm缝份，所以毛样高度尺寸为：35+1+1=37（cm）；毛样宽度尺寸为：252+1+1=254（cm）。中旗的放量需要折进的1cm缝份，所以毛样高度尺寸为：35+1+1=37（cm）。

（三）排料

A布排料图如图5-76所示。

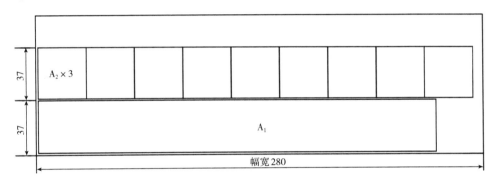

图5-76　A布排料图

B布排料图如图5-77所示。

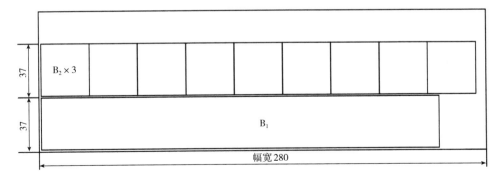

图5-77　B布排料图

（四）用料计算

根据此窗幔的结构图与排料图计算批量生产此窗幔的单件用料如下：

A布用料包括A_1与A_2，A_1的用料为37cm，A_2从排料图中可看出其280cm的幅宽能排9块，则3块A_2的用料为$280 \div 9 \times 3$（cm），因此A布总的用料为：$37+280 \div 9 \times 3 = 133.3$（cm）。

B布用料包括B_1与B_2，B_1的用料为37cm，B_2从排料图中可看出其280cm的幅宽能排9块，则3块B_2的用料为$280 \div 9 \times 3$（cm），因此B布总的用料为：$37+280 \div 9 \times 3 = 133.3$（cm）。

单件用料见表5-3。

表5-3　平幔单件用料

原辅料及规格	耗用（cm）	损耗（2%）（cm）	实际耗用（cm）
A布280cm幅宽	133	2.6	135.6
B布280cm幅宽	133	2.6	135.6
布衬	133	2.6	135.6

（五）成品质量要求

1.成品外观无破损、针眼及严重色织染色不良。

2.成品无跳针、浮针、漏针、脱线。

3.针迹密度为12针/3cm。

4.缝纫轨迹匀、直，缝线牢固，卷边拼缝平服齐直，宽窄一致，不露毛；接针套正，边口处打回针2～3针。

5.中旗位置正确。

6.成品规格误差小于2cm。

（六）重点与难点

1.平幔的制作、刀口定位。

2.中旗的制作。

3.平幔效果图、结构图的绘制、用料计算。

（七）工艺流程

检查裁片、验片──➤烫衬──➤画样、裁剪平幔、里衬、中旗──➤拼合A、B布──➤做中旗──➤熨烫──➤车缝组合──➤整理定型

（八）材料准备

主布、衬布、里布、剪刀、划粉、尺子、布用双面胶。

（九）制作步骤

1.先将面料熨烫平整，缩水率大的面料要先进行预缩，再熨烫平整。

2.排料：将面料平铺展开，按照排料图进行排料并用划粉画好轮廓线，在主布反面画出254cm×37cm的长方形。（注意面料的丝缕方向）。

3.裁剪：沿画好的排料图轮廓线依次将裁片裁剪下来备用。

4.在主布反面烫上布衬，衬布需要烫平，烫实，不起皱，不起泡（图5-78）。

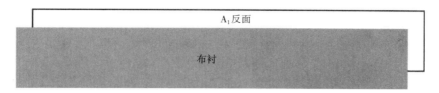

图5-78 烫布衬

5.将熨烫好的布料正面对折，反面画样，用尺子量好间宽，通常一个圆弧宽度大概是60～80cm，具体根据实地测量的窗户为准。根据此次设计要求为4个单位的圆弧，画出60cm宽度，弧高12cm的圆弧。按照画好的样进行裁剪，再对折按照单位圆弧裁出下一个圆弧，然后距离布边7cm处打刀口，定位边缘中旗安装位置如图5-79所示。

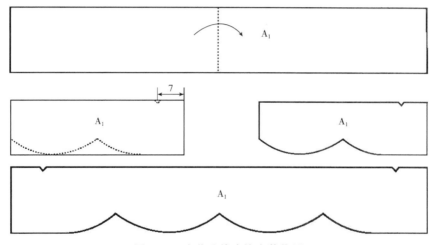

图5-79 定位边缘中旗安装位置

6.裁剪里布：将平幔主布与里布正面相对，沿主布形状进行里布裁剪。

7.车缝平幔：将平幔的主布和里布正面相对反面车缝，缝份为1cm，留口翻出。

8.制作中旗：裁剪中旗，先在反面画好37cm×30cm长方形，正面相对对折，进行裁剪，在中心线顶部打1cm刀口定位。再将主布与里布正面相对，沿主布裁剪里布。将中旗的主布和里布进行正面相对反面车缝，缝份为1cm，留口翻出，如图5-80所示。

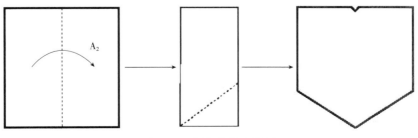

图5-80 制作中旗步骤图

9.高温熨烫，将中旗熨烫平整。先将正面相对对折，再沿中心轴线，将面料两折，顶面折边宽度为6cm，用熨斗烫出折痕。打开翻面，沿刚才的折痕再向内折，进行熨烫定型，另一侧采用相同折法。正面整烫定型，再用布用双面胶在顶部固定。最终做好的中旗尺寸宽度为12cm，如图5-81所示。

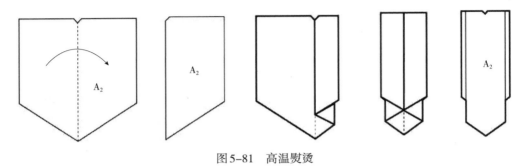

图5-81　高温熨烫

10.平幔反面进行高温熨烫，整理定型。用布用双面胶在顶部进行固定。

11.将中旗放置在两个单位圆弧中间，车缝固定。边缘中旗安装车缝时，将中旗中心刀口与平幔边缘刀口相对制作完成。

12.最后剪净线头、熨烫平整。

第五节　扣襻式窗帘的结构与工艺

一、外形概述

窗帘顶端采用扣襻的形式固定，比较适合用于具有装饰性的窗帘杆上，如图5-82所示。面料采用涤纶仿麻织物。

二、绘制结构图

成品规格为200cm×220cm，根据样品绘制平面效果图与平面结构图，以下图中数字单位为厘米（cm），如图5-83所示。

A布：涤纶仿麻织物（230cm幅宽）

B布：涤纶仿麻印花条纹（230cm幅宽）

图5-82　扣襻式窗帘外形

✦ 小知识

结构图说明：上面结构图中卷边处在放量时除了虚线表示的卷边尺寸外还要再加上折进的1cm缝份，其他拼缝处只要每边放出1cm的缝份即可，所以200cm的宽度毛样为200+4+2=206（cm），220cm的高度毛样为220+8+2=230（cm）。

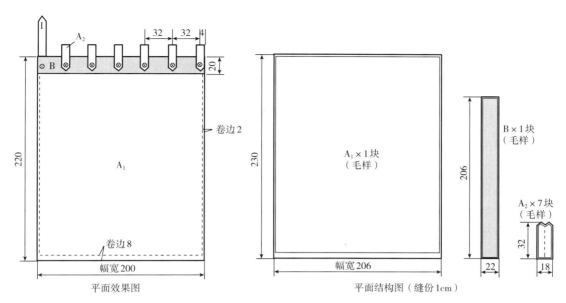

图5-83　扣襻式窗帘的平面效果图和平面结构图

三、排料

A布排料图如图5-84所示，B布排料图如图5-85所示。

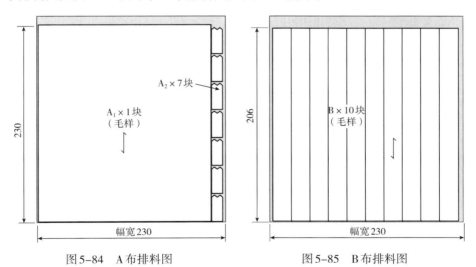

图5-84　A布排料图　　　　　　　　　　图5-85　B布排料图

四、用料计算

根据结构图与排料图生产此窗帘的单件用料计算如下：

A布排料图已将所要用到的一幅窗帘的A布都套排在一起总用量是230cm，所以为：230÷1=230（cm）。

B布排料图中230cm的幅宽能排10块，所以一块的用量是：206÷10=20.6（cm）。

单件用料见表5-4。

表5-4 扣襻式窗帘单件用料

原辅料及规格	耗用（cm）	损耗（2%）（cm）	实际耗用（cm）
A布230cm幅宽	230	4.6	234.6
B布230cm幅宽	20.6	0.41	21.01

五、成品质量要求

1.成品外观无破损、针眼及严重印花不良。

2.成品无跳针、浮针、漏针、脱线。

3.针迹密度为12针/3cm。

4.缝纫轨迹匀、直，缝线牢固，卷边拼缝平服齐直，宽窄一致，不露毛；接针套正，边口处打回针2~3针。

5.拼缝处缝份为1cm，成品规格误差小于2cm。

6.纽扣与扣襻位置正确。

六、重点与难点

1.扣襻的制作。

2.窗帘效果图、结构图的表达，用料计算。

七、工艺流程

检查裁片、验片──→做扣襻──→锁扣眼──→拼合A、B布，装扣襻──→钉纽扣──→熨烫──→检验

八、制作步骤

1.先将面料熨烫平整，缩水率大的面料要先进行预缩，再熨烫平整。

2.排料：将面料平铺展开，按照排料图进行排料，并用划粉画好轮廓线（注意面料的丝缕方向）。

3.裁剪：沿画好的排料图轮廓线依次将裁片裁剪下来备用。

4.开始制作：调整好平缝机状态，使线迹良好，针迹密度为12针/3cm，使用与面料色彩相近的缝纫线。

5.窗帘侧边与底边卷边：将A_1布侧边卷边2cm，底边卷边8cm，如图5-86所示。

6.做扣襻：将A_2布正面相对对折，沿边缉缝1cm，然后翻出正面，熨烫平整，在距尖角6cm左右居中处锁扣眼，如图5-87所示。

7.拼合A、B布，装扣襻：将A_1与B布反面朝上，中间夹进A_2，沿边缉缝1cm，如图5-88所示，注意A_2两端靠边，中间间隔32cm。

8.然后将B布翻出正面，在B布四周压止口线0.1cm，如图5-89所示。

9.钉纽扣：在B布正面上下居中，左右对应扣襻的位置钉纽扣，如图5-90所示。

10.最后剪净线头，熨烫平整，进行检验包装。

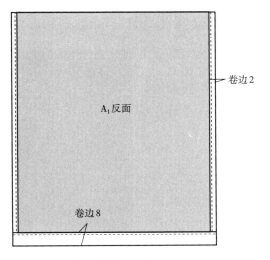

图5-86　卷边

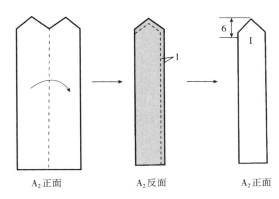

图5-87　做扣襻

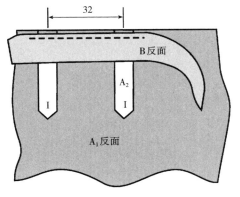

图5-88　拼合A、B布

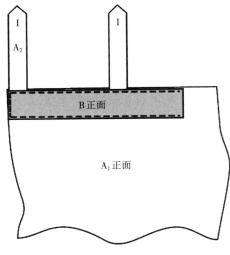

图5-89　翻出正面

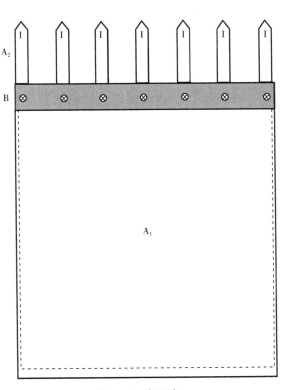

图5-90　钉纽扣

第六节 系带式窗帘的结构与工艺

一、外形概述

窗帘顶端采用系带的形式固定，也比较适合用于具有装饰性的窗帘杆上，如图5-91所示。面料采用涤棉混纺色织布。

二、绘制结构图

成品规格为152cm×250cm，根据样品绘制平面效果图与平面结构图，以下图中数字单位为厘米（cm），如图5-92所示。

A布：涤棉混纺色布（230cm幅宽）

B布：涤棉色织布（230cm幅宽）

图5-91 系带式窗帘

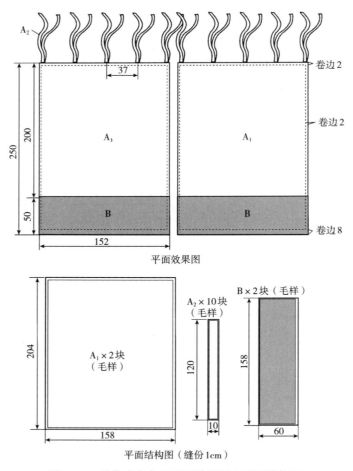

平面效果图

平面结构图（缝份1cm）

图5-92 系带式窗帘的平面效果图和平面结构图

✦ 小知识

结构图尺寸说明：上面结构图中卷边处在放量时除了虚线表示的卷边尺寸外还要再加上折进的1cm缝份，其他拼缝处只要每边放出1cm的缝份即可。

所以A₁布的结构图毛样尺寸为：（152+4+2）cm×（200+2+2）cm=158cm×204cm；

B布的结构图毛样尺寸为：（152+4+2）cm×（50+8+2）cm=158cm×60cm。

三、排料

A布排料图如图5-93所示，B布排料图如图5-94所示。

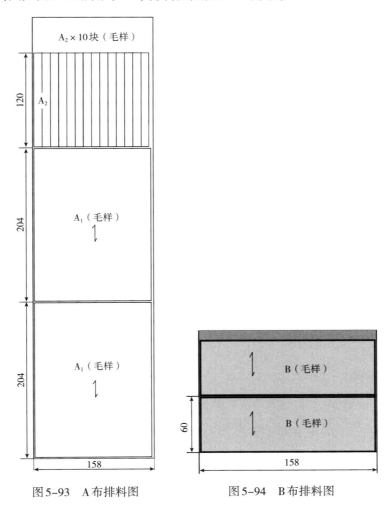

图5-93　A布排料图　　　　图5-94　B布排料图

四、用料计算

根据此窗帘的结构图与排料图计算批量生产此窗帘的单件用料如下：

A布用料包括A₁与A₂，2块A₁的用料为204×2，A₂从排料图中可看出其158cm的幅宽能排15块，则10块A_2的用料为$120 \div 15 \times 10$，因此A布总的用料为：$204 \times 2 + 120 \div 15 \times 10 = 488$（cm）。

B布需要2块用料为：$60 \times 2 = 120$（cm）。

单件用料表见表5-5。

表5-5　系带式窗帘单件用料

原辅料及规格	耗用（cm）	损耗（2%）（cm）	实际耗用（cm）
A布230cm幅宽	488	9.76	497.76
B布230cm幅宽	120	2.4	122.4

五、成品质量要求

1.成品外观无破损、针眼及严重色织染色不良。

2.成品无跳针、浮针、漏针、脱线。

3.针迹密度为12针/3cm。

4.缝纫轨迹匀、直，缝线牢固，卷边拼缝平服齐直，宽窄一致，不露毛；接针套正，边口处打回针2~3针。

5.拼缝处缝份为1cm，成品规格误差小于2cm。

6.系带位置正确。

六、重点与难点

1.系带的制作。

2.窗帘效果图、结构图的绘制，用料计算。

七、工艺流程

检查裁片、验片──→拼合A、B布──→做系带──→装系带──→熨烫──→检验

八、制作步骤

1.先将面料熨烫平整，缩水率大的面料要先进行预缩，再熨烫平整。

2.排料：将面料平铺展开，按照排料图进行排料并用划粉画好轮廓线（注意面料的丝缕方向）。

3.裁剪：沿画好的排料图轮廓线依次将裁片裁剪下来备用。

4.开始制作：调整好平缝机状态，使线迹良好，针迹密度为12针/3cm，使用与面料色彩相近的缝纫线。

5.拼合A_1、B布，将A_1与B布正面相对，沿边1cm缉缝，如图5-95所示。

6.然后将B布正面翻出，在B布上压0.1cm止口线，如图5-96所示。

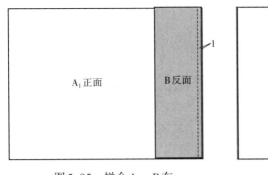

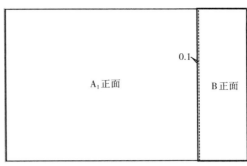

图5-95　拼合A₁、B布　　　　　　　图5-96　翻出正面

7.窗帘侧边与底边卷边：将拼好的A₁、B布侧边卷边2cm，底边卷边8cm，如图5-97所示。

8.做系带：先将10块B布分别做成10根两端封口的带子备用，缝制时将两边毛边折进1cm沿着边缘0.1cm压明线，如图5-98所示。

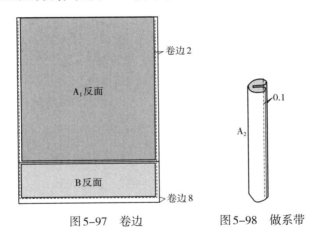

图5-97　卷边　　　　　　　　图5-98　做系带

9.装系带：将A₁布反面朝上卷边2cm，将A₂对折夹进卷边处，如图5-99所示。

10.然后将A₂向上翻，在上端压0.1cm止口线，如图5-100所示。

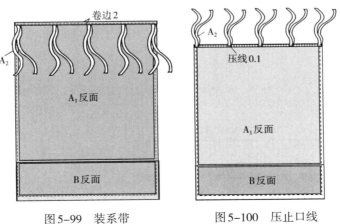

图5-99　装系带　　　　　　　　图5-100　压止口线

11.最后剪净线头，熨烫平整，进行检验包装。

第七节　抽裥荷叶边窗帘的结构与工艺

一、外形概述

此款式窗帘的窗幔采用抽裥的方法，窗帘侧边、底边与窗幔的底边用荷叶边装饰，如图5-101所示。面料选用涤/黏混纺织物。

图5-101　抽裥荷叶边窗帘

二、绘制效果图、展开图与结构图

成品规格为300cm×250cm，根据样品绘制窗帘效果图与展开图（图5-102）、平面结构图（图5-103），以下图中数字单位为厘米（cm）。

A布：涤/棉色布（280cm幅宽）

B布：涤/棉色织布（160cm幅宽）

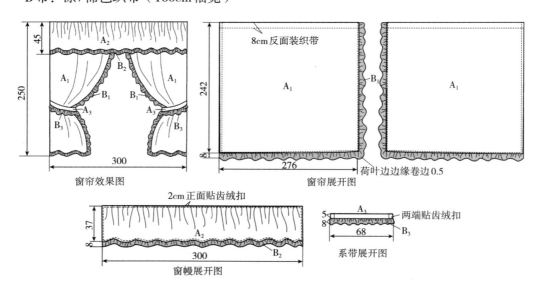

图5-102　抽裥荷叶边窗帘的平面效果图、展开图和窗幔展开图

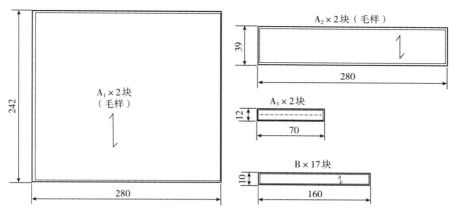

图 5-103　平面结构图

✦ **小知识**

　　展开图与结构图尺寸说明：这里的结构图放样尺寸是根据展开图而来的，由于面料幅宽为280cm，所以窗帘主体部分A_1就以独幅面料制作，A_1与荷叶边相拼处要1cm缝份，另一边卷边2cm要有3cm放量，所以A_1面料280cm的宽度在展开图中尺寸就为276cm了。B布抽裥需放出打裥量，B_1抽裥后的尺寸为242+276=518（cm），B_1需要2条，B_2抽裥后的尺寸为：280×2-4=556（cm），B_3抽裥后的尺寸为68（cm），这样B布抽裥后的总长为：518×2+556+68=1660（cm），按照1.6～1.7倍的打裥放量，抽裥前的B布裁剪尺寸为：160cm×17条。

三、排料

A布排料图如图5-104所示，B布排料图如图5-105所示。

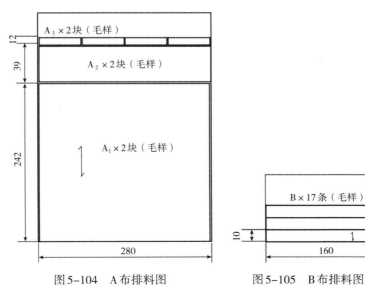

图 5-104　A布排料图　　　　　图 5-105　B布排料图

四、用料计算

根据此窗帘的结构图与排料图计算批量生产此窗帘的单件用料如下：

A 布用料包括 2 块 A_1、2 块 A_2 与 2 块 A_3，A_3 从排料图中可看出 280cm 的幅宽能排 4 块，则 2 块 A_3 的用料为 $12 \div 4 \times 2$，因此 A 布总的用料为：$242 \times 2 + 39 \times 2 + 12 \div 4 \times 2 = 568$（cm）。

B 布需要 17 条用料为：$10 \times 17 = 170$（cm）。

织带：$280 \times 2 = 560$（cm）。

齿绒扣：300cm。

单件用料表见表 5-6。

表 5-6　抽裥荷叶边窗帘单件用料

原辅料及规格	耗用（cm）	损耗（2%）（cm）	实际耗用（cm）
A 布 280cm 幅宽	568	11.36	579.36
B 布 160cm 幅宽	170	3.4	173.4
织带	560	11.2	571.2
齿绒扣	300	6	306

五、成品质量要求

1.成品外观无破损、针眼及严重色织染色不良。

2.成品无跳针、浮针、漏针、脱线。

3.针迹密度为 12 针/3cm。

4.缝纫轨迹匀、直，缝线牢固，卷边拼缝平服齐直，宽窄一致，不露毛；接针套正，边口处打回针 2～3 针。

5.拼缝处缝份为 1cm，成品规格误差小于 2cm。

6.荷叶边抽裥均匀，止口压线平直，成形良好。

六、重点与难点

1.荷叶边抽裥的制作。

2.窗帘效果图与结构图的绘制，用料计算。

七、工艺流程

检查裁片、验片─→荷叶边卷边、抽裥─→装荷叶边─→窗帘装织带─→窗幔装齿绒扣─→检验

八、制作步骤

1.先将面料熨烫平整，缩水率大的面料要先进行预缩，再熨烫平整。

2.排料：将面料平铺展开，按照排料图进行排料并用划粉画好轮廓线（注意面料的丝缕方向）。

3.裁剪：沿画好的排料图轮廓线依次将裁片裁剪下来备用。

4.开始制作：调整好平缝机状态，使线迹良好，针迹密度为12针/3cm，使用与面料色彩相近的缝纫线。

5.做荷叶边：荷叶边做法可参考图2-33，先分别将5条B布依次首尾连接成792cm长的三条，每一条在一侧卷边0.5cm，另一侧沿边0.8cm处抽裥，抽裥后为522cm长两条（用于窗帘部分）、560cm长一条（用于窗幔部分），另外两条分别也在一侧卷边，另一侧抽裥成70cm长两条（用于系带部分）。

6.装荷叶边：将抽裥后的荷叶边以1cm缝份分别与窗帘、窗幔、系带拼合在一起。将522cm长的两条分别与窗帘部分A_1拼缝，注意两幅窗帘荷叶边左右对称；560cm长的一条荷叶边与窗幔部分A_2拼缝；70cm长的两条分别与系带部分A_3拼缝。拼缝后再翻出正面，在拼缝处沿着A布压0.1cm止口线，如图5-106所示。

7.窗帘卷边、装织带：将装好荷叶边的两块窗帘布A_1分别在未装荷叶边的一侧侧边卷边2cm，上边反面装织带，如图5-107所示。

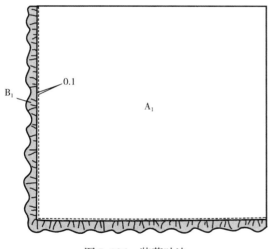 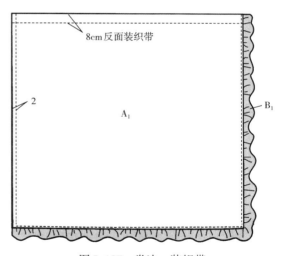

图5-106　装荷叶边　　　　　　　图5-107　卷边、装织带

8.窗幔抽裥、装齿绒扣：将装好荷叶边的窗幔A_2布左右两侧卷边2cm，然后在上边抽裥，抽裥后窗幔长为300cm，将上边毛边拷边，再在上边正面沿边压上齿绒扣，如图5-108所示。

9.做系带：将A_3沿中心对折缉缝，将荷叶边夹在中间，压止口线0.1cm，然后在A_3两端贴上齿绒扣，如图5-109所示。

10.最后剪净线头，熨烫平整，进行检验包装。

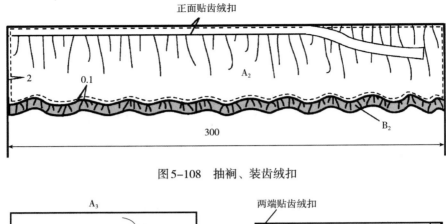

图5-108 抽裥、装齿绒扣

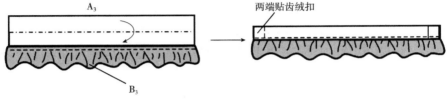

图5-109 做系带

思考与练习题

1.制作窗帘的常用面料有哪些？选购窗帘面料时更注重哪些性能？

2.设计窗帘时不同的图案与色彩对人的视觉感受有何影响？

3.窗帘的常见款式有哪些？

4.窗幔的常见款式有哪些？

5.如何计算窗帘的用料？

6.按照抽拉幔的结构与工艺进行制作。

7.按照平幔的结构与工艺进行制作。

8.按照扣襻式窗帘的结构与工艺进行制作。

9.按照系带式窗帘的结构与工艺进行制作。

10.假设窗户高220cm、宽180cm，设计一幅窗帘并制作，设计主题与工艺方法自定，要求附设计说明，并绘制其平面效果图、平面结构图与排料图，并计算用料。

第六章 餐厨类家用纺织品的设计与工艺

学习目标

1. 了解餐厨类家用纺织品的面料、款式、色彩与图案等设计特点。
2. 掌握餐厨类家用纺织品中拼框、褶裥、包边、绗缝、绣花等常用工艺方法。
3. 学习8款餐厨类家用纺织品（包括台布、餐垫、椅座套、面巾纸套、围裙、袖套、隔热垫、隔热手套）的制作方法。
4. 掌握8款餐厨类家用纺织品的效果图与结构图的绘制方法和生产用料的计算。
5. 在餐厨类家纺的设计与制作中，培养学生的创新意识和工匠精神。

引导语

　　餐厨类家用纺织品不仅在日常生活中起到实用功能，还能通过精美的设计提升用餐环境的美感与氛围。本章深入探索了餐厨类家纺的设计与工艺，从面料、款式、色彩到图案，每一个细节都蕴含着设计的智慧与匠心。通过学习，同学们将全面掌握餐厨类家纺的制作技术，不仅能够提升动手能力，更能培养对美的感知和创造力。

第一节　餐厨类家用纺织品的设计

　　餐厨类家用纺织品是指用于餐厅、厨房内的家用纺织品。餐厅内常用的家用纺织品主要有台布、餐垫、面巾纸套、筷子套、酒瓶套、茶杯垫、茶壶套、果物篮、椅子套、椅座垫、凳脚套、咖啡帘等；厨房内常用的家用纺织品主要有围裙、袖套、隔热垫、隔热手套、微波炉套、电饭煲套、锅柄套、冰箱盖、厨帽、擦手巾、茶巾等。餐厨类家用纺织品兼具装饰与实用功能，产品造型丰富，能起到吸引视线、营造环境气氛的作用，同时还具有防污防尘、隔热防烫等实用功能。

一、餐厨类家用纺织品的面料

　　在选择餐厨类家用纺织品的面料时，要考虑其实用性与装饰性相结合的特点。餐厨类家用纺织品从原材料上分主要有全棉、涤/棉、黏胶、涤纶、亚麻等织物，从生产工艺与后整理工艺上分主要有机织大提花面料、色织面料、印花面料、抽纱面料、绣花面料、经编面料以及涂层面料等。

　　如彩图32所示，机织大提花台布与餐垫质地坚牢、色调高雅大方，广泛应用于高级宾馆、饭店、家庭餐桌的布置；彩图33的抽纱台布与图6-1的亚麻台布款式简洁，于精简中体现高档。图6-2的餐巾光泽亮丽、有较好的硬挺度，便于折成各种造型，可选用涤纶或涤纶/人造丝交织的面料；彩图34采用织锦面料制作的酒瓶套与彩图35筷子套图案精美、色彩瑰丽多姿，常用于豪华的室内装饰。

图6-1　亚麻台布　　　　　　　　　图6-2　餐巾

二、餐厨类家用纺织品的款式

餐厨类家用纺织品的款式有些是单独设计，有些是进行系列配套设计，如餐厅用家用纺织品的系列化设计或厨房用家用纺织品的系列化设计。如台布经常与餐垫配套，台布从形式上主要有方形、长方形和圆形，有些在底边采用曲边造型增加美感，台布、餐垫在结构上常作拼框处理，如彩图36所示均为两种面料搭配组合，整齐的边框起到了很好的整合作用。图6-3的提花台布，面料上适合纹样的提花图案刚好用于桌面和垂下的部分，同时配有同样纹样的餐巾，在款式上极尽简洁，只需将边缘折边，配以红木家具，就是经典的搭配了。图6-4中一块普通的布料被精心剪裁，并在边角处缝上纽扣，使这块台布与房

图6-3　提花台布　　　　　　　　　图6-4　台布与房间搭配效果

间里的其他饰物完美地结合在一起。

　　餐厨类家用纺织品也常用印花、刺绣、拼布、绗缝等工艺增加其装饰效果，如彩图37、彩图38采用拼布、手绘的方法，可以充分发挥DIY手工爱好者的创意，尽显个性风采；彩图39采用拼布绗缝与印花的工艺进行制作，体现自然乡村风格；图6-5则采用绣花工艺体现精致唯美的视觉感受；图6-6的餐垫采用手缝针缝出不同的装饰效果；图6-7的亚麻餐巾在拼缝处配上精巧的花边，拥有了一份独特的气质；无论是浪漫的二人晚餐，还是重要的朋友聚会，图6-8这种天鹅绒的蝴蝶结都会令餐桌有别样感觉。

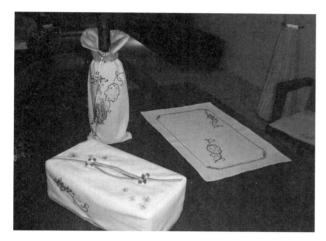

图6-5　绣花台布

图6-6　手缝餐垫

图6-7　亚麻餐巾

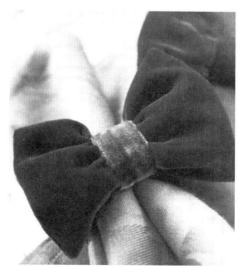

图6-8　天鹅绒蝴蝶结

　　餐椅套的设计根据餐椅的造型来设计，图6-9的餐椅套折褶裙摆造型比较大众化，而图6-10的落地式餐椅套则显得古典、优雅，图6-11的荷叶边进行短超设计却有另一番的感受，活泼俏皮，好像在"跳草裙舞"。

图6-9　折褶裙摆造型餐椅套

图6-10　落地式餐椅套

图6-11　荷叶边餐椅套

围裙的款式主要有半身、全身与连袖的，连袖的围裙类似于家居服，无须再配袖套，如图6-12所示。围裙在款式设计上主要体现在领口、袖口与口袋等方面，可作不同的造型，绣花或包边等装饰，还有的围裙在腰身上可做打褶等处理，如图6-13所示。

图6-12　连袖围裙

图6-13　无袖围裙

在餐厨类家用纺织品中还有很多配套的小件产品，款式造型就更加丰富多彩，可以充分发挥设计师的想象力，如酒瓶套、隔热手套、果物篮、面巾纸套等，如彩图34、彩图40、彩图41，图6-14~图6-17所示。

图6-14　贴绣小熊图案的微波炉手套

图6-15　小鸭造型的微波炉手套

图6-16　八角形餐垫

图6-17　微波炉套与储物罐

三、餐厨类家用纺织品的色彩与图案

餐厨类家用纺织品的色彩与图案主要随居室的装修风格与消费者的不同喜好而不同，有些在特殊的节日也可以起到营造环境气氛的作用。

彩图42餐厅用的窗帘与台布采用清新淡雅的小花布，配以朴素的朝阳格，无法掩饰那份贴近自然的喜悦，与周围浓郁的田园风格家居相适应；彩图43则采用水果图案进行装饰；彩图44的餐垫中间印花图案，四框配以同色系的方格图案，协调自然，加上配套的餐具更加完美；图6-18的餐垫在鲜花图案外配上几圈不规则的条纹，使这款餐垫不会显得刻板，明亮的色调与富有现代感的玻璃器皿十分协调；图6-19的餐垫色泽古朴、原始，与棕色的陶器、盘碟、原木餐桌非常相配。彩图45的餐垫、杯垫、果物篮、面巾纸套是以孔雀为设计元素的系列设计，以孔雀绿为主色调，配合色彩鲜艳的花布，结合各种造型，表达人与自然和谐相处的"舞林"这一主题。

图6-18　餐垫（鲜花图案）

图6-19　餐垫（素条纹）

第二节　台布的结构与工艺

一、外形概述

台布四周拼双层边框，面料采用印花棉布与全棉色布相配，如图6-20所示。

二、绘制结构图

台布成品规格为160cm×200cm，根据样品绘制平面效果图与平面结构图，如图6-21所示，图中数字单位为厘米（cm）。

A布：印花棉布（幅宽150cm）

B布：色布（幅宽160cm）

图6-20　台布

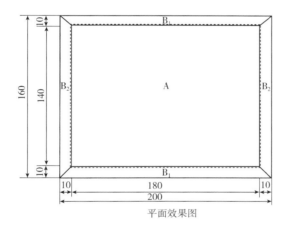

平面效果图

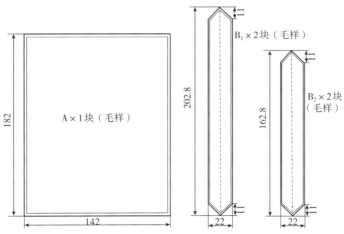

平面结构图（缝份1cm）

图6-21　台布平面效果图与平面结构图

三、排料

A布排料图如图6-22所示，150cm幅宽的布上排一块。

B布排料图如图6-23所示，160cm幅宽的布上能排7块。

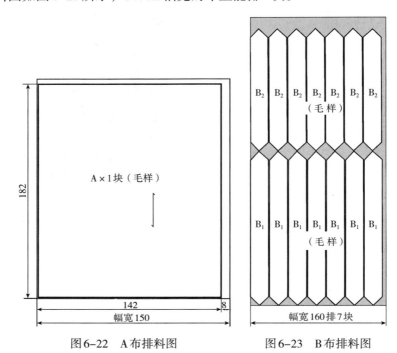

图6-22　A布排料图　　　　图6-23　B布排料图

四、用料计算

根据结构图与排料图计算批量生产此台布的单件用料：

A布排料图中在150cm的幅宽上能排1块，所以单件用料为：182÷1=182（cm）。

B布排料图中在160cm的幅宽上能排7块，而B_1与B_2各需要2块，所以单件用料为：（202.8+162.8）÷7×2=104.46（cm）。

单件用料见表6-1。

表6-1　台布单件用料

原辅料及规格	耗用（cm）	损耗（2%）（cm）	实际耗用（cm）
A布150cm幅宽	182	3.64	185.64
B布160cm幅宽	104.46	2.09	106.55

五、成品质量要求

1.成品外观无破损、针眼及严重印花不良，成品图案位偏不超过2cm。

2.成品无跳针、浮针、漏针、脱线。

3.针迹密度为12针/3cm。

4.缝纫轨迹匀、直，缝线牢固，边框拼缝平服齐直，宽窄一致，不露毛；接针套正，边口处打回针2~3针。

5.拼缝处缝份为1cm，成品规格误差小于1cm。

6.转角处平服成直角。

7.止口压线平直，偏差不超过0.2cm/20cm。

六、重点与难点

1.转角处拼框的处理。

2.边框压线的处理。

3.台布结构图与排料图的绘制，用料计算。

七、工艺流程

检查裁片、验片──→连接边框──→装边框──→整烫──→检验

八、制作步骤

1.先将面料熨烫平整，缩水率大的面料要先进行预缩，再熨烫平整。

2.排料：将面料平铺展开，按照排料图进行排料并用划粉画好轮廓线（注意面料的丝缕方向）。

3.裁剪：沿画好的排料图轮廓线依次将裁片裁剪下来备用。

4.开始制作：调整好平缝机状态，使线迹良好，针迹密度为12针/3cm，使用与面料色彩相近的缝纫线。

5.连接边框，将边框按照 B₁—B₂—B₁—B₂—B₁ 的顺序正面相对，依次连接成一方框，如图6-24所示，车缝时注意按1cm缝份缝合，在起止点也要留1cm缝份，以便拼框压线时分别翻折。

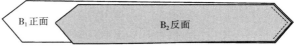

图6-24　连接边框

6.将连接好的边框与 A 布相拼，先在 A 布反面沿边缘1cm车缝压线，这里车缝时 B 布也是反面朝上，转角处将边框缝份向两边分开，如图6-25所示。

7.将 B 布翻出正面，将缝份折向 B 布一侧熨平，在 A 布正面将 B 布缝份折进1cm熨平，沿着 B 布净缝线压0.1cm止口线，如图6-26所示。

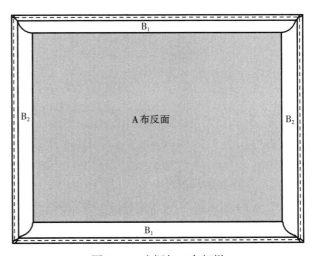

图6-25　边框与 A 布相拼

视频 6-1
拼框式桌布的设计与制作

视频 6-2
桌旗的设计与制作

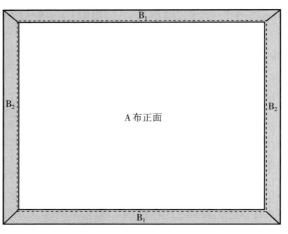

图 6-26　压止口线

第三节　餐垫的结构与工艺

一、外形概述

餐垫四周拼双层边框，面料采用印花棉布（A 布）与全棉色布（B 布）相配，形式与台布相同，结构如图 6-27 所示。

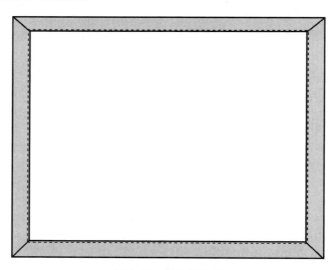

图 6-27　餐垫结构图

二、绘制结构图

餐垫成品规格为 35cm×45cm，根据样品绘制平面效果图与平面结构图，如图 6-28 所示，图中数字单位为厘米（cm）。

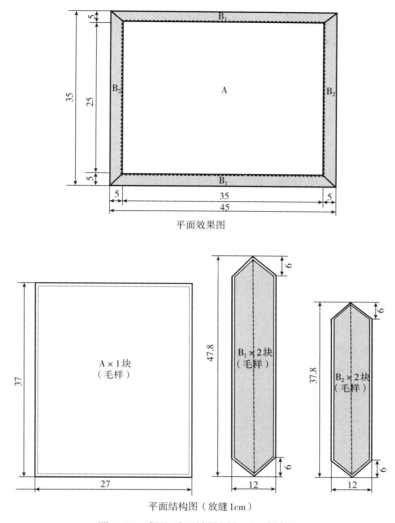

平面效果图

平面结构图（放缝1cm）

图6-28　餐垫平面效果图与平面结构图

三、排料

A布：印花棉布幅宽为150cm，A布排料图如图6-29所示，150cm幅宽上排4块。

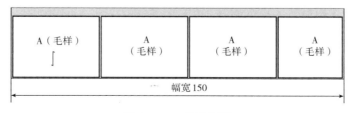

图6-29　A布排料图

B布：色布幅宽为160cm，B布排料图如图6-30所示，160cm幅宽上能排13块。

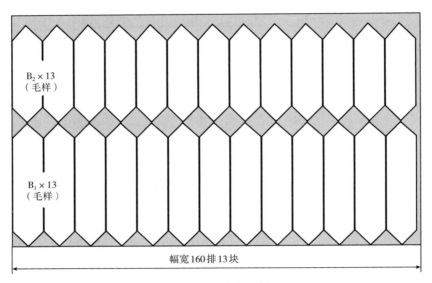

$B_2 \times 13$
（毛样）

$B_1 \times 13$
（毛样）

幅宽160排13块

图6-30　B布排料图

四、用料计算

根据结构图与排料图计算批量生产此餐垫的单件用料：

A布排料图中在150cm的幅宽上能排4块，所以单件用料为：27÷4=6.75（cm）。

B布排料图中在160cm的幅宽上能排13块，而B_1与B_2各需要2块，所以单件用料为：（47.8+37.8）÷13×2=13.17（cm）。

单件用料见表6-2。

表6-2　餐垫单件用料

原辅料及规格	耗用（cm）	损耗（2%）（cm）	实际耗用（cm）
A布 150cm 幅宽	6.75	0.14	6.89
B布 160cm 幅宽	13.17	0.26	13.43

五、成品质量要求

1.成品外观无破损、针眼及严重印花不良，成品图案位偏不超过2cm。

2.成品无跳针、浮针、漏针、脱线。

3.针迹密度为12针/3cm。

4.缝纫轨迹匀、直，缝线牢固，边框拼缝平服齐直，宽窄一致，不露毛；接针套正，边口处打回针2~3针。

5.拼缝处缝份为1cm，成品规格误差小于0.5cm。

6.转角处平服成直角。

7.止口压线平直，偏差不超过0.2cm/20cm。

六、重点与难点

1.转角处拼框的处理。

2.边框压线的处理。

3.餐垫结构图与排料图的绘制，用料计算。

七、工艺流程

检查裁片、验片——→连接边框——→装边框——→整烫——→检验

八、制作步骤

制作步骤与拼框台布做法相同，参考拼框台布的制作方法。

第四节　椅座套的结构与工艺

一、外形概述

椅座套中间内衬海绵与喷胶棉，边缘荷叶边打对褶，后侧装绷带四根，如图6-31所示。

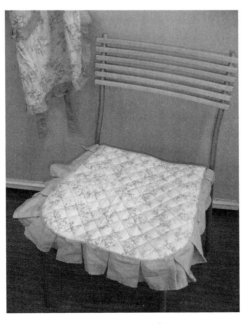

图6-31　椅座套

二、绘制结构图

成品规格为（40+8）cm×（40+8）cm，根据样品绘制平面效果图与平面结构图，如图6-32所示，图中数字单位为厘米（cm）。

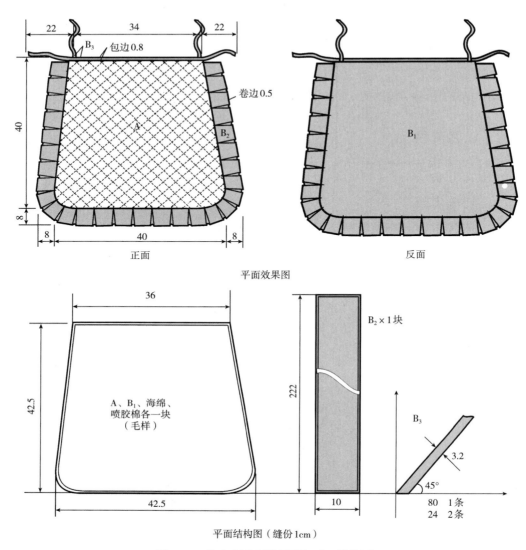

图6-32　椅座套平面效果图与平面结构图

A布：印花棉布（幅宽150cm）

B布：色布（幅宽160cm）

1cm厚海绵：150cm幅宽

80g/m² 喷胶棉：150cm幅宽

三、排料

A布排料图如图6-33所示，150cm幅宽上排3块。

海绵与喷胶棉的幅宽均为150cm，排料与A布相同。

B布排料图如图6-34所示，斜料部分另外排。

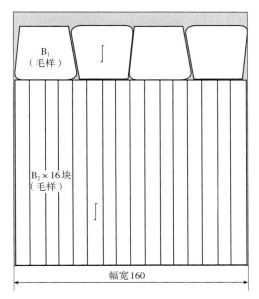

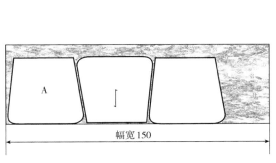

图6-33　A布排料图　　　　　　　　　　图6-34　B布排料图

四、用料计算

根据结构图与排料图计算批量生产此椅座套的单件用料：

A布在150cm的幅宽上能排3块，所以单件用料为：42.5÷3=14.17（cm）。

B布用料包括B_1、B_2与B_3，B_1在160cm的幅宽上能排4块，B_2在160cm的幅宽上能排16块，B_3斜料用料以面积来折算，所以B布总用料为：42.5÷4+242÷16+128×3.2÷160=28.31（cm）。

单件用料见表6-3。

表6-3　椅座套单件用料

原辅料及规格	耗用（cm）	损耗（2%）（cm）	实际耗用（cm）
A布150cm幅宽	14.17	0.28	14.45
B布160cm幅宽	27.06	0.54	27.6
1cm厚海绵150cm幅宽	14.17	0.28	14.45
80g/m²喷胶棉150cm幅宽	14.17	0.28	14.45

五、成品质量要求

1.成品外观无破损、针眼及严重印花不良，成品图案位偏不超过2cm。

2.成品无跳针、浮针、漏针、脱线。

3.针迹密度为12针/3cm。

4.缝纫轨迹匀、直，缝线牢固，卷边拼缝平服齐直，宽窄一致，不露毛；接针套正，边口处打回针2~3针。

5.拼缝处缝份为1cm，成品规格误差小于1cm。

6.打褶均匀，成形良好。

7.止口压线平直，偏差不超过0.2cm/20cm。

六、重点与难点

1.绗缝。

2.对裥裙边制作。

3.椅座套结构图与排料图的绘制，用料计算。

七、工艺流程

检查裁片、验片──→绗缝──→裙边打裥──→装裙边──→边、装系带──→整烫──→检验

八、制作步骤

1.先将面料熨烫平整，缩水率大的面料要先进行预缩，再熨烫平整。

2.排料：将面料平铺展开，按照排料图进行排料并用划粉画好轮廓线（注意面料的丝缕方向）。

3.裁剪：沿画好的排料图轮廓线依次将裁片裁剪下来备用。

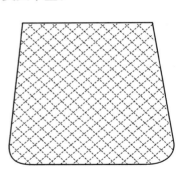

4.开始制作：调整好平缝机状态，使线迹良好，针迹密度为12针/3cm，使用与面料色彩相近的缝纫线。

5.绗缝：将A布、喷胶棉、海绵依次叠好三层绗缝3.5cm×3.5cm的菱形格，如图6-35所示。

图6-35　绗缝

6.裙边制作：

（1）先将裙边布底边卷边0.5cm。

（2）按图6-36位置在要打裥部位剪刀口，每隔7.7cm打一个8cm的对裥（图中单位为厘米，cm）。

（3）将上图中阴影部分打对裥，如图6-37所示（图中单位为厘米，cm）。

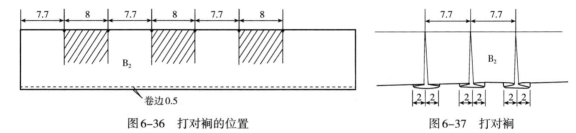

图6-36　打对裥的位置　　　　　　　　图6-37　打对裥

7.装裙边：将打好裥的裙边与绗缝后的A布、底布B₁拼缝，裙边夹在A布与底布B₁之间，从上端翻出正面后再沿边压止口线，如图6-38所示。

8.包边、装系带：将两条24cm长的斜料沿中心对折，毛边折进做成两条系带，另一条80cm长的斜料在椅座套上端包边，包边宽0.8cm，包边时将两条系带缝入，如图6-39所示。

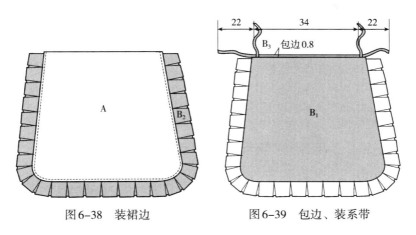

图6-38　装裙边　　　　　　　　　　图6-39　包边、装系带

9.最后剪净线头，熨烫平整，检验包装。

视频6-3　椅座套的制作1　　　视频6-4　椅座套的制作2　　　视频6-5　椅座套的制作3

第五节　面巾纸套的结构与工艺

一、外形概述

面巾纸套为表里双层面料制作，周边采用包边处理，上端中间留口抽纸，如图6-40所示。

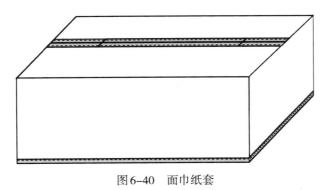

图6-40　面巾纸套

二、绘制结构图

面巾纸套的成品规格为24cm×12cm×10cm。根据样品绘制其平面效果图与平面结构图，如图6-41所示，以下数字单位为厘米（cm）。

A布：花布（160cm幅宽）

B布：色布（160cm幅宽）

C布：白色涤棉里子布（160cm幅宽）

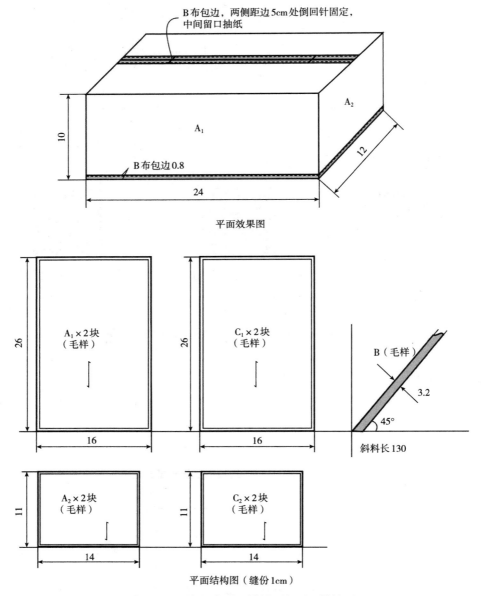

图6-41　面巾纸套平面效果图与平面结构图

✦ **小提示**

结构图尺寸说明：

A_1 的左右长度根据1cm放缝为24+2=26（cm），另一边高度除了图上侧边的10cm外还要加上上边宽度的一半6cm，由于两边为包边处理不用放量所以高度为10+6=16（cm），A_2 的左右长度根据1cm放缝为12+2=14（cm），另一边高度上端放缝1cm，底边包边处理不用放量，所以高度为11cm。C布与A布相同。

三、排料

A布排料图如图6-42所示；B布斜料排料图参考图2-40；C布排料图与A布相同，参考图6-42。

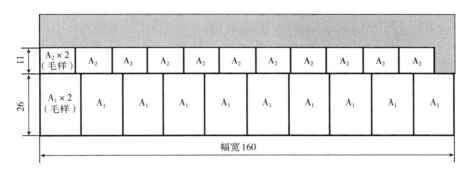

图6-42　排料图

四、用料计算

根据结构图与排料图计算批量生产此面巾纸套的单件用料：

A布用料包括 A_1 与 A_2，A_1 在160cm的幅宽上能排10块，需要2块，A_2 在160cm的幅宽上能排11块，需要2块，所以A布单件用料为：$26 \div 10 \times 2 + 11 \div 11 \times 2 = 7.2$（cm）。

B布斜料用料以面积来折算为：$130 \times 3.2 \div 160 = 2.6$（cm）。

C布用料与A布相同为：$26 \div 10 \times 2 + 11 \div 11 \times 2 = 7.2$（cm）。

单件用料见表6-4。

表6-4　面巾纸套单件用料

原辅料及规格	耗用（cm）	损耗（2%）（cm）	实际耗用（cm）
A布160cm幅宽	7.2	0.15	7.35
B布160cm幅宽	2.6	0.05	2.65
C布160cm幅宽	7.2	0.15	7.35
橡皮筋0.6cm宽	12	—	13

五、成品质量要求

1.成品外观无破损、针眼及严重印花不良，成品图案位偏不超过2cm。

2.成品无跳针、浮针、漏针、脱线。

3.针迹密度为12针/3cm。

4.缝纫轨迹匀、直，缝线牢固，包边拼缝平服齐直，宽窄一致，不露毛；接针套正，边口处打回针2~3针。

5.拼缝处缝份为1cm，成品规格误差小于0.5cm。

6.包边宽度为0.8cm，止口压线0.1cm，压线平直。

六、重点与难点

1.包边的处理。

2.立体成形的做法。

3.面巾纸套结构图与排料图的绘制，用料计算。

七、工艺流程

检查裁片、验片──→上侧包边──→装侧面──→包边──→整烫──→检验

八、制作步骤

1.先将面料熨烫平整，缩水率大的面料要先进行预缩，再熨烫平整。

2.排料：将面料平铺展开，按照排料图进行排料并用划粉画好轮廓线（注意面料的丝绺方向）。

3.裁剪：沿画好的排料图轮廓线依次将裁片裁剪下来备用。

4.开始制作：调整好平缝机状态，使线迹良好，针迹密度为12针/3cm，使用与面料色彩相近的缝纫线。

5.先将A_1、里子布C_1两层布较长一边用B布包边，宽度为0.8cm，如图6-43所示。

6.两条边包好后，上下重叠，在距两侧毛边6cm处用倒回针来回3次上下固定，如图6-44所示。

7.再将A_2、里子布C_2两层布与A_1、里子布C_1两层布正面相对缝合，注意严格按照1cm缝份缝制，转角处尽量保持直角，如图6-45所示；然后将两侧边毛边处拷边。

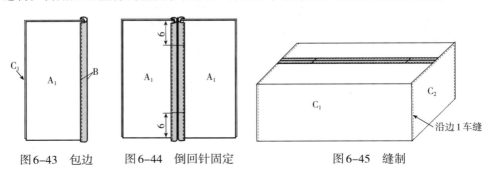

图6-43　包边　　　　图6-44　倒回针固定　　　　图6-45　缝制

8.最后将底边一圈包边，包边宽度为0.8cm，如图6-46所示。

9.包边时在较长两边中间插入橡皮筋，如图6-47所示，装橡皮筋处注意要打倒回针。然后剪净线头、熨烫平整，检验包装。

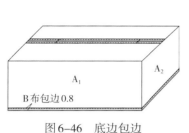

图6-46　底边包边

橡皮筋装在底部中间位置

图6-47　插入橡皮筋

视频6-6　给面巾纸
做件布艺外套

第六节　围裙的结构与工艺

一、外形概述

围裙领口采用系带处理，可调节高度，腰际两侧也用两根系带，可随意打结固定，面料采用印花帆布，样品如图6-48所示。

图6-48　围裙

二、绘制结构图

围裙成品规格为66cm×90cm，根据样品绘制其平面效果图与平面结构图，如图6-49所示，以下数字单位为厘米（cm）。

A布：印花帆布（150cm幅宽）

B布：色布（150cm幅宽）

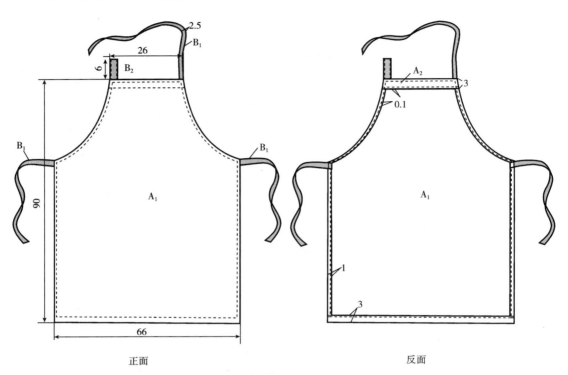

平面效果图

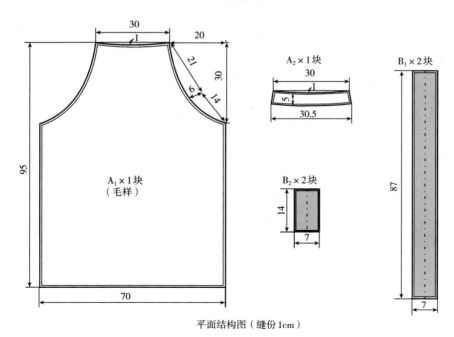

平面结构图（缝份1cm）

图6-49　围裙的平面效果图与平面结构图

三、排料

A布排料图如图6-50所示。

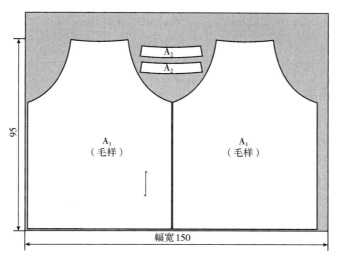

图6-50　A布排料图

B布排料图如图6-51所示。

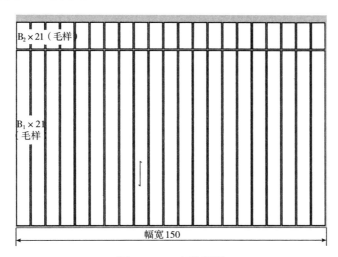

图6-51　B布排料图

四、用料计算

根据结构图与排料图计算批量生产此围裙的单件用料：

A布根据排料图在160cm的幅宽上95cm长能排2套，则A布的单件用料为：$95 \div 2 = 47.5$（cm）。

B布根据排料图在160cm的幅宽上能排21块，B_1需要3块B_2需要1块，则B布的单件用料为：$(87 \times 3 + 14) \div 21 = 13.1$（cm）。

单件用料见表6-5。

表6-5　围裙单件用料

原辅料及规格	耗用（cm）	损耗（2%）（cm）	实际耗用（cm）
A布150cm幅宽	47.5	0.95	48.45
B布150cm幅宽	13.1	0.26	13.36

五、成品质量要求

1.成品外观无破损、针眼及严重印花不良，成品图案位偏不超过2cm。

2.成品无跳针、浮针、漏针、脱线。

3.针迹密度为12针/3cm。

4.缝纫轨迹匀、直，缝线牢固，卷边平服齐直，宽窄一致，不露毛；接针套正，边口处打回针2~3针。

5.拼缝处缝份为1cm，成品规格误差小于1cm。

6.止口压线0.1cm，压线平直。

六、重点与难点

1.卷边平服齐直，宽窄一致。

2.围裙结构图与排料图的绘制，用料计算。

七、工艺流程

检查裁片、验片──→系带卷边拼缝──→装领口贴边──→卷边、装绷带──→整烫──→检验

八、制作步骤

1.先将面料熨烫平整，缩水率大的面料要先进行预缩，再熨烫平整。

2.排料：将面料平铺展开，按照排料图进行排料并用划粉画好轮廓线（注意面料的丝绺方向）。

3.裁剪：沿画好的排料图轮廓线依次将裁片裁剪下来备用。

4.开始制作：调整好平缝机状态，使线迹良好，针迹密度为12针/3cm，使用与面料色彩相近的缝纫线。

5.先将三根绷带B_1、一根扣襻B_2将两侧毛边折进1cm对折，沿边缘0.1cm车缝，如图6-52所示，系带B_1的一端需将毛边折进。

6.装领口贴边：先在A_2、A_1领口中间位置打一刀眼，然后将A_2、A_1正面相对，将系带B_1与扣襻B_2放在中间层，其中扣襻B_2对折塞入，B_1、B_2分别距边2cm位置，在领口上端以1cm缝份车缝，如图6-53所示。

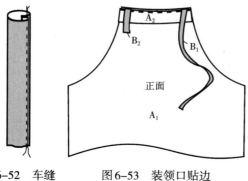

图6-52　车缝　　　图6-53　装领口贴边

7.围裙边缘卷边，侧边卷边1cm，底边卷边3cm，注意卷边时在围裙两侧如图6-54所示位置将另两根系带B_1塞入。

8.在领口处边缘卷边，卷好后再将A_2下端正面朝上，毛边折进1cm压止口线0.1cm，最后在系带处拉直，在正面沿边缘压止口线0.1cm，起到定型加固的作用，如图6-55所示。

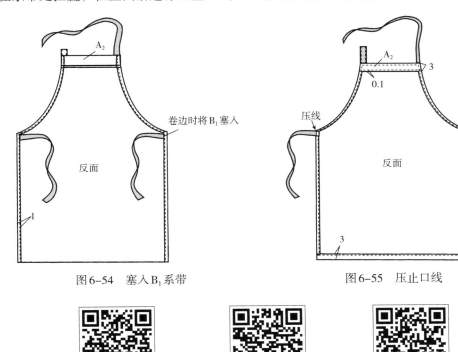

图6-54　塞入B_1系带　　　　　　　　图6-55　压止口线

视频6-7　如何设计与
制作简约清新的围裙

视频6-8　贴袋围裙
的制作1

视频6-9　贴袋围裙
的制作2

第七节　袖套的结构与工艺

一、外形概述

袖套两端装橡皮筋，样品如图6-56所示。

二、绘制结构图

袖套成品规格为22cm×36cm，根据样品绘制其平面效果图与平面结构图，如图6-57所示，以下数字单位为厘米（cm）。

A布：色织布（150cm幅宽）

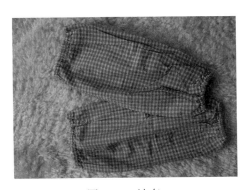

图6-56　袖套

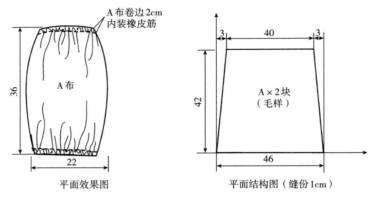

图6-57　袖套的平面效果图与平面结构图

三、排料

A布排料图如图6-58所示。

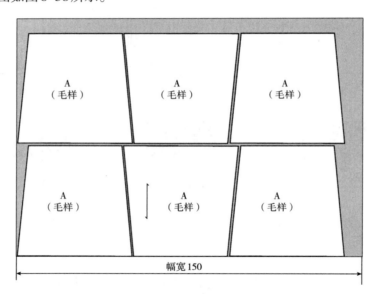

图6-58　排料图

四、用料计算

根据结构图与排料图计算批量生产此袖套的单件用料：

A布用料（一对）：42÷3×2=28（cm）。

袖套（一对）单件用料见表6-6。

表6-6　袖套（一对）单件用料

原辅料及规格	耗用（cm）	损耗（2%）（cm）	实际耗用（cm）
A布150cm幅宽	28	0.56	28.56
橡皮筋	76	1.52	77.52

五、成品质量要求

1. 成品外观无破损、针眼及严重色织不良。

2. 成品无跳针、浮针、漏针、脱线。

3. 针迹密度为12针/3cm。

4. 缝纫轨迹匀、直，缝线牢固，卷边拼缝平服齐直，宽窄一致，不露毛；接针套正，边口处打回针2~3针。

5. 拼缝处缝份为1cm，成品规格误差小于0.5cm。

6. 止口压线平直。

六、重点与难点

1. 来去缝的缝制。

2. 两端卷边装橡皮筋的缝制。

3. 袖套结构图与排料图的绘制，用料计算。

七、工艺流程

检查裁片、验片——→侧边拼缝——→装橡皮筋——→整烫——→检验

八、制作步骤

1. 先将面料熨烫平整，缩水率大的面料要先进行预缩，再熨烫平整。

2. 排料：将面料平铺展开，按照排料图进行排料并用划粉画好轮廓线（注意面料的丝缕方向）。

3. 裁剪：沿画好的排料图轮廓线依次将裁片裁剪下来备用。

4. 开始制作：调整好平缝机状态，使线迹良好，针线密度为12针/3cm，使用与面料色彩相近的缝纫线。

5. 拼缝侧边：用来去缝将面料两侧拼缝，先将面料沿中心线对折，反面相对沿边0.3~0.4cm车缝，再将面料翻出反面，正面相对，沿边0.5~0.6cm车缝，如图6-59所示。

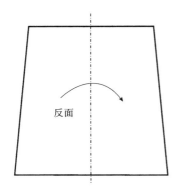 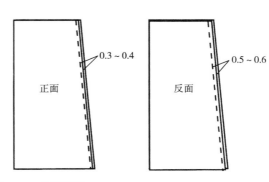

图6-59　拼缝侧边

6.橡皮筋剪成23cm、15cm各一根，两端缝线固定，然后将圆筒状面料两端分别卷边2cm，压止口线0.1cm，卷边时将橡皮筋放入，如图6-60所示，注意长的橡皮筋装在宽的一端，短的橡皮筋装在窄的一端。

7.最后整理完成如图6-61所示。

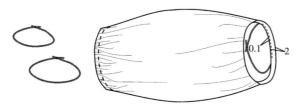 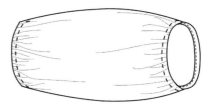

图6-60　压止口线　　　　　　　　　　　　图6-61　整理

视频6-10　袖套的　　　　　视频6-11　方形拎环
结构与工艺　　　　　　杯垫的设计与制作

第八节　隔热垫的结构与工艺

一、外形概述

隔热垫正面电脑绣花，内衬喷胶棉，四周包边，如图6-62所示。

图6-62　隔热垫

二、绘制结构图

隔热垫的成品规格为18cm×18cm，根据样品绘制其平面效果图与平面结构图，如

图6-63所示，以下数字单位为厘米（cm）。

A布：色织布（110cm幅宽）

B布：色织布（110cm幅宽）

喷胶棉：220cm幅宽

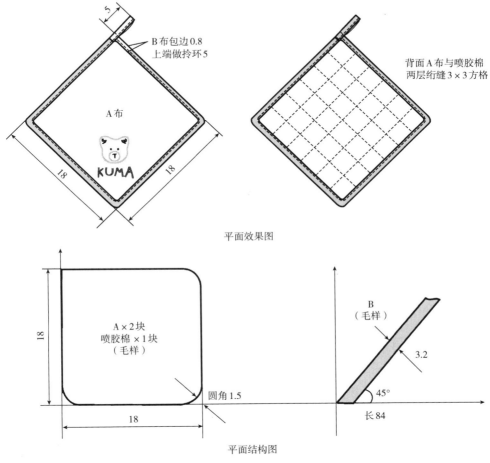

图6-63　隔热垫平面效果图与平面结构图

三、排料

A布排料图如图6-64所示。

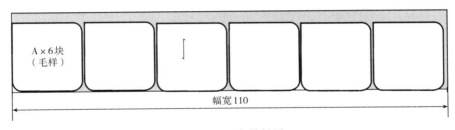

图6-64　A布排料图

喷胶棉的排料如图6-65所示。

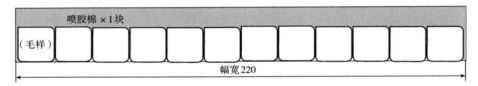

图6-65　喷胶棉排料图

B布斜料排料参考图2-40。

四、用料计算

根据结构图与排料图计算批量生产此隔热垫的单件用料：

A布在110cm幅宽上能排6块，实际需要2块，所以用料为：18÷6×2=6（cm）。

B布斜料用料根据面积折算为84×3.2÷110=2.45（cm）。

喷胶棉在220cm幅宽上能排12块，实际需要1块，所以用料为：18÷12=1.5（cm）。

单件用料见表6-7。

表6-7　隔热垫单件用料

原辅料及规格	耗用（cm）	损耗（2%）（cm）	实际耗用（cm）
A布110cm幅宽	6	0.12	6.12
B布110cm幅宽	2.45	0.05	2.5
喷胶棉220cm幅宽	1.5	0.03	1.53

五、成品质量要求

1.成品外观无破损、针眼及严重色织不良。

2.成品无跳针、浮针、漏针、脱线。

3.针迹密度为12针/3cm。

4.缝纫轨迹匀、直，缝线牢固，包边拼缝平服齐直，宽窄一致，不露毛；接针套正，边口处打回针2~3针。

5.绗缝轨迹流畅、平服，无折皱夹布，绗缝起止针必须打回针，接针套正，无线头。绗缝针迹密度为9针/3cm。

6.成品规格误差小于0.5cm。

六、重点与难点

1.绗缝。

2.绣花。

3.包边。

4.隔热垫结构图与排料图的表达，用料计算。

七、工艺流程

检查裁片、验片——➤绗缝——➤绣花——➤包边——➤整烫——➤检验

八、制作步骤

1. 先将面料熨烫平整，缩水率大的面料要先进行预缩，再熨烫平整。

2. 排料：将面料平铺展开，按照排料图进行排料并用划粉画好轮廓线（注意面料的丝缕方向）。

3. 裁剪：沿画好的排料图轮廓线依次将裁片裁剪下来备用。

4. 开始制作：调整好平缝机状态，使线迹良好，针迹密度为12针/3cm，使用与面料色彩相近的缝纫线。

5. 绗缝：将一块A布与两层喷胶棉机绗，机绗时将针迹密度调整为9针/3cm，机绗3cm×3cm的方格，如图6-66所示。

6. 绣花：绣花时首先要进行绣花制板，绣花图案如图6-67所示，此图案所用到的针法主要是平包针，绣花制板后在A布上按照指定的位置进行电脑绣花，绣花位置如图6-68所示。

图6-66　绗缝　　　　图6-67　绣花图案　　　　图6-68　绣花位置

7. 包边：然后将另一块A布正面朝上与其合在一起，沿边0.5cm先固定，此时把针迹密度调整为12针/3cm，将B布斜条对折，毛边折进后成0.8cm宽，从A布直角一端开始包边，如图6-69所示，包边时正面压0.1cm止口线。

8. 做拎环：B布沿四周包好之后还有11cm长，继续沿边车缝0.1cm止口线，然后将其对折折回做成5cm长的拎环，多余的毛边折向背面沿包边处压线做光滑，如图6-70所示。

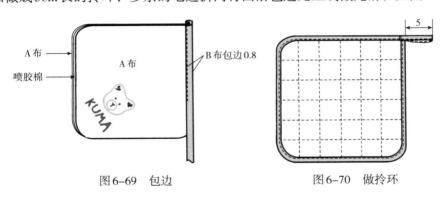

图6-69　包边　　　　　　　　图6-70　做拎环

第九节　隔热手套的结构与工艺

一、外形概述

隔热手套中内衬喷胶棉与夹里，手套口包边，侧面装拎环，如图6-71所示。

图6-71　隔热手套

二、绘制结构图

隔热手套成品规格为17cm×25cm，根据样品绘制其平面效果图与平面结构图，如图6-72所示，以下数字单位为厘米（cm）。

A布：花布（150cm幅宽）

B布：色布（150cm幅宽）

喷胶棉：150cm幅宽

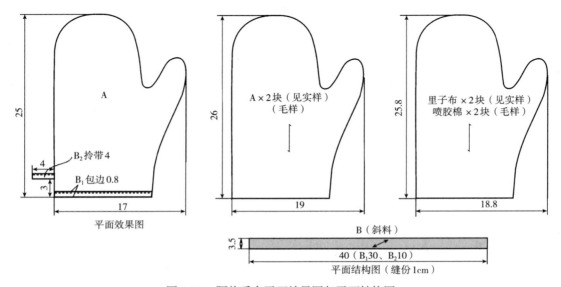

图6-72　隔热手套平面效果图与平面结构图

手套样板如图6-73所示（1∶2实样）。

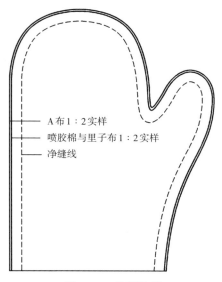

图6-73　比例放样

三、排料

表布A布排料图如图6-74所示。

里子布与喷胶棉的排料与A布相同，如图6-74所示。

B布斜料的排料参考斜料排料方法如图2-40所示。

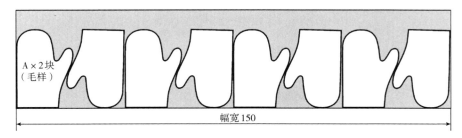

图6-74　A布排料图

四、用料计算

根据结构图与排料图计算批量生产此隔热手套的单件用料：

A布在150cm幅宽上能排8块，实际需要2块，所以用料为：26÷8×2=6.5（cm）。

B布斜料用料根据面积折算为：40×3.5÷150=0.93（cm）。

里子布在150cm幅宽上也能排8块，实际需要2块，用料为：25.8÷8×2=6.45（cm）。

喷胶棉在150cm幅宽上也能排8块，实际需要2块，用料为：25.8÷8×2=6.45（cm）。

单件用料见表6-8。

表6-8　隔热手套单件用料

原辅料及规格	耗用（cm）	损耗（2%）（cm）	实际耗用（cm）
A布150cm幅宽	6.5	0.13	6.63
B布150cm幅宽	0.93	0.02	0.95
里子布150cm幅宽	6.45	0.13	6.58
120g/m² 喷胶棉，150cm幅宽	6.45	0.13	6.58

五、成品质量要求

1.成品外观无破损、针眼及严重印花不良，成品图案位偏不超过2cm。

2.成品无跳针、浮针、漏针、脱线。

3.针迹密度为12针/3cm。

4.缝纫轨迹匀、直，缝线牢固，卷边拼缝平服齐直，宽窄一致，不露毛；接针套正，边口处打回针2~3针。

5.拼缝处缝份为1cm，包边宽0.8cm宽，成品规格误差小于0.5cm。

6.止口压线平直。

六、重点与难点

1.缝纫轨迹与缝份的控制。

2.手套凹凸部位的成形效果。

3.手套口包边处理。

4.手套结构图与排料图的绘制，用料计算。

七、工艺流程

检查裁片、验片——→做拎环——→拼缝面布——→拼缝里子布与喷胶棉——→拼合面子与里子——→手套口包边——→整烫——→检验

八、制作步骤

1.先将面料熨烫平整，缩水率大的面料要先进行预缩，再熨烫平整。

2.排料：将面料平铺展开，按照排料图进行排料并用划粉画好轮廓线（注意面料的丝缕方向）。

3.裁剪：沿画好的排料图轮廓线依次将裁片裁剪下来备用。

4.开始制作：调整好平缝机状态，使线迹良好，针迹密度为12针/3cm，使用与面料色彩相近的缝纫线。

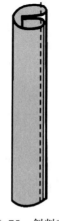

图6-75　斜料对折

5.先将B_2斜料对折，如图6-75所示，毛边折进后宽1cm，沿边压0.1cm止口线。

6.两块A布剪几处刀口，正面相对，然后将B_2两端对折，如图6-76所示，夹在A布图示位置固定并打倒回针，沿边按1cm缝份车缝，下端留口。

7.将里子布与喷胶棉剪几处刀口，沿边按1cm缝份车缝，下端留口，注意里子布放在中间，喷胶棉放在上下两边，如图6-77所示。

8.最后将缝合的A布翻出正面与里子套拢，在底边端口用B_1布包边，包边宽0.8cm，如图6-78所示。

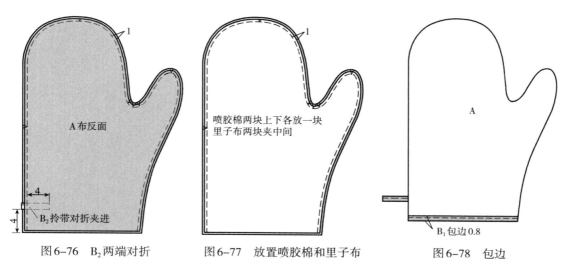

图6-76　B_2两端对折　　　　图6-77　放置喷胶棉和里子布　　　　图6-78　包边

视频6-12　微波炉
手套制作1

视频6-13　微波炉
手套制作2

思考与练习题

1.制作餐厨类家用纺织品的常用面料有哪些？各有什么特点？

2.如何通过餐厨类家用纺织品的布置来营造不同的用餐环境？

3.餐厨类家用纺织品常见的款式与工艺方法有哪些？

4.按照台布、餐垫、面巾纸套的结构与工艺进行制作。

5.按照椅座套的结构与工艺进行制作。

6.按照围裙与袖套的结构与工艺进行制作。

7.按照隔热垫与隔热手套的结构与工艺进行制作。

8.设计一条绣花围裙并制作，绘制其平面效果图、平面结构图与排料图，并计算批量生产此围裙的单件用料。

9.设计一套餐厅用家用纺织品并制作，设计主题与工艺方法自定，要求附设计说明，并绘制其平面效果图、平面结构图与排料图，并计算单套生产用料。

第七章 其他装饰陈设类家用纺织品的设计与工艺

学习目标

1. 了解装饰陈设类家用纺织品的种类与款式等设计特点。
2. 掌握装饰陈设类家用纺织品的常用工艺方法。
3. 学习四款小装饰类家用纺织品包括工艺篮、信插、书皮套与文具袋的制作方法。
4. 在装饰陈设类家用纺织品的设计与制作中，注重并应用零碎布料进行环保再设计，提升资源利用率，践行绿色环保理念。

┃ 引导语 ┃

　　装饰陈设类家用纺织品在家居环境中起着点缀与美化的作用，其设计不仅体现了个性与品位，更能展现文化与艺术的魅力。本章将介绍装饰陈设类家用纺织品的设计与工艺，对装饰陈设类家用纺织品的种类、款式、工艺方法等方面展开讲述，引导学生全面掌握这些家纺的制作技术。在此基础上，本章引入了环保再设计的概念，利用零碎布料进行创意制作，践行绿色环保理念，提升资源利用率，培养学生的创新意识和工匠精神。

第一节　装饰陈设类家用纺织品的设计

一、装饰陈设类家用纺织品的种类

　　装饰陈设类家用纺织品品种很多，常见的有信插、壁挂、杂物插袋、面巾纸套、储纸套、工艺篮、工艺包、电话机套、门把手套、布艺相框、灯罩、开关套、手机套、布艺插花、花盆套、书皮等各类摆设与挂件。这类家用纺织品主要起收纳储物与点缀装饰用。

二、装饰陈设类家用纺织品的款式设计与工艺分析

　　装饰陈设类家用纺织品在设计时更多地注重装饰效果，给设计师提供了更大的创作空间。任何纺织材料都可用来装饰，色彩与图案也可自由发挥，可以与不同的居室空间配套，也可单独设计起到点缀的效果，在款式与工艺上更是可以灵活运用各种方法，再结合各种拼布、刺绣、绗缝、编织、扎染等，形成了丰富多彩的装饰陈设类家用纺织品。

（一）壁挂

　　壁挂主要悬挂在墙壁上，设计时注重它的装饰效果，如彩图46、彩图47、图7-1所示，拼布壁挂可以充分利用零碎布料进行创意设计，提升资源利用率，践行绿色环保理念。

图7-1　拼布壁挂

（二）信插、储物袋

信插可挂在居室墙上、门上、货架等各种地方，相对于壁挂而言增加了储物口袋的设计。储物袋的设计多种多样，可做成平面的、立体的、各种不同的造型等，款式丰富多彩，如图7-2、图7-3所示。

图7-2　信插　　　　　　　图7-3　储物袋

（三）面巾纸套、贮纸套

面巾纸套的造型设计比较灵活，可采用各种模拟设计，如房子型、沙发型等，如图7-4、图7-5所示。

（四）工艺篮

各种造型的工艺篮兼装饰与储物功能，可用来储放零散小物件，为家居装饰增加可爱的元素，如图7-6、图7-7、彩图48、彩图49所示。

图7-4　贴布绣面巾纸套

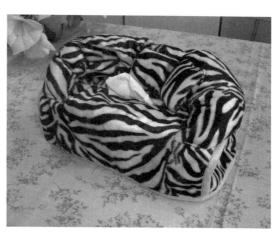

图7-5　沙发造型的面巾纸套

图7-6　小猫工艺篮

图7-7　花形工艺篮

（五）工艺包

工艺包的设计也包罗万象，各种传统的、现代的、民族的、时尚的元素都可以装饰其间，如图7-8～图7-11、彩图50、彩图51所示。

（六）其他小家纺

其他小饰品、小挂件、布艺花、布艺相框、化妆包等小家纺用品也给家用纺织品增添了无尽的趣味，如图7-12所示。

图7-8　土布工艺包

图7-9　拼布工艺包

图7-10　拼布茶具套

图7-11　拼布文具袋

图7-12　小饰品系列

第二节　小猫工艺篮的结构与工艺

一、外形概述

　　小猫造型的工艺篮由3种面料拼合而成，底部衬硬塑料板，猫身部分内充PP棉，拎环内充吹塑纸，样品如彩图48所示。

二、绘制结构图

　　根据样品绘制其平面效果图与平面结构图如图7-13所示，图中数字单位为厘米（cm）。

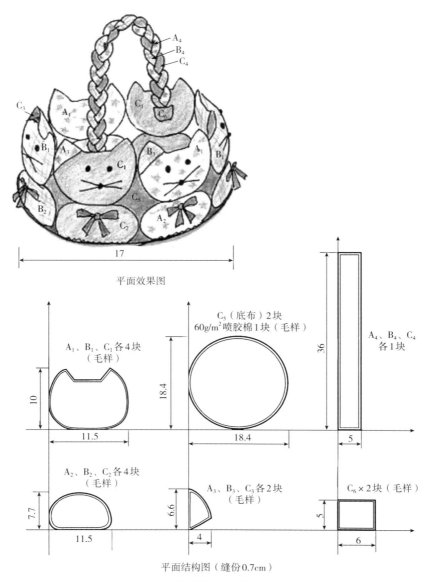

图7-13　小猫工艺篮的平面效果图与平面结构图

三、排料

A布排料图如图7-14所示（采用9只产品进行套排）。

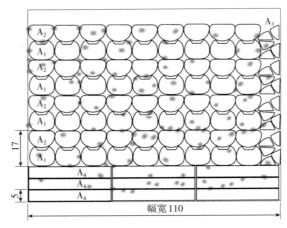

图7-14　A布排料图

B布排料图与A布排料图相同，参考图7-14。

C布排料图如图7-15所示。

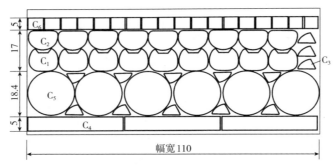

图7-15　C布排料图

喷胶棉排料图如图7-16所示。

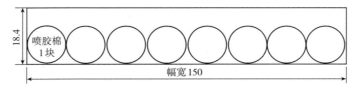

图7-16　喷胶棉排料图

四、用料计算

根据结构图与排料图计算批量生产此工艺篮的单件用料：

A布是按照9件产品进行套排，排料图中110cm幅宽上（17cm×4+5cm×3）的用料可以排9件，所以单件用料为：（17cm×4+5cm×3）÷9=9.23（cm）。

B布与A布相同单件用料也为：（17cm×4+5cm×3）÷9=9.23（cm）。

C布可以根据每一部分在110cm幅宽上的排料图数与需要的数量计算，C_1与C_2能排9块，实际需要4块，所以为17cm÷9×4；C_3用余料排无需计算；C_4能排3块需要1块，为5÷3；C_5能排6块需要2块，为18.4÷6×2；C_6能排18块需要2块，为：5÷18×2；则C布用料为：17÷9×4+5÷3+18.4÷6×2+5÷18×2=15.91（cm）。

喷胶棉在150cm幅宽上能排8块，所以单件用料为18.4÷8=2.3（cm）。

吹塑纸要裁成18cm宽36cm长的4条，在150cm幅宽上能排8块，所以有单件用料为：36÷8=4.5（cm）。

单件用料见表7-1。

表7-1　小猫工艺篮单件用料

原辅料及规格	耗用（cm）	损耗（2%）（cm）	实际耗用（cm）
A布110cm幅宽	9.23	0.19	9.42
B布110cm幅宽	9.23	0.19	9.42
C布110cm幅宽	15.91	0.32	16.23
$60g/m^2$喷胶棉，150cm幅宽	2.3	0.05	2.35
吹塑纸	4.5	0.09	4.59
0.2cm厚硬塑料板	直径17cm的圆	—	直径17cm的圆

五、成品质量要求

1.成品外观无破损、针眼及严重印花不良。

2.成品无跳针、浮针、漏针、脱线。

3.针迹密度为12针/3cm。

4.缝纫轨迹匀、直，缝线牢固，卷边拼缝平服齐直，宽窄一致，不露毛；接针套正，边口处打回针2~3针。

5.拼缝处缝份为0.7cm，成品规格误差小于1cm。

6.充棉部分要均匀，拎环编织时松紧一致。

7.成品成形良好。

六、重点与难点

1.缝纫轨迹与缝份的控制。

2.猫身的成形。

3.编织拎环的制作。

4.小猫工艺篮结构图的绘制，用料计算。

七、工艺流程

检查裁片、验片──→小猫缝制──→猫脸上钉五官──→小猫的充棉与连接──→拎环制作──→篮底制作──→检验

八、制作步骤

1.先将面料熨烫平整，缩水率大的面料要先进行预缩，再熨烫平整。

2.排料：将面料平铺展开，按照排料图进行排料并用划粉画好轮廓线（注意面料的丝绺方向）。

图7-17　做猫头、贴猫耳朵

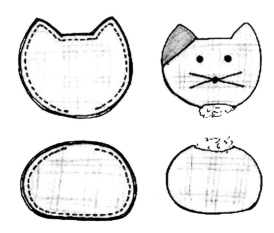

图7-18　塞PP棉

图7-19　抽紧缝线

3.裁剪：沿画好的排料图轮廓线依次将裁片裁剪下来备用。

4.开始制作：调整好平缝机状态，使线迹良好，针迹密度为12针/3cm，使用与面料色彩相近的缝纫线。

5.做猫头、贴猫耳朵：在猫头上贴猫耳朵，注意交叉贴，A贴B；B贴C；C贴A；贴在左耳。在猫脸上钉眼睛、嘴巴和胡子，如图7-17所示。

6.将猫头、猫身分别缝好，在下巴处留口翻出。将猫头与猫身分别塞进PP棉，如图7-18所示。

7.用手缝针将猫头与猫身连接起来，并将线抽紧，感觉有颈部凹陷的效果，如图7-19所示。

8.做拎环：将A、B、C各自缝成长条，翻出正面，然后把18cm宽36cm长的吹塑纸卷起来充进布条，编成辫子，两端口用布包住缝在猫头后面固定，如图7-20所示。

9.做篮底：篮底中间衬喷胶棉与硬塑料板，塑料板大小为直径17cm的圆，按照C布—衬板—喷胶棉—C布的顺序排列，制作时先将两块C布与喷胶棉反面缝合至半圆，然后翻出正面，塞进硬纸板进行手缝暗缲，如图7-21所示。

10.在猫的颈部打好蝴蝶结，在结的中心与猫身固定。

11.最后把猫身与篮底连接，如图7-22所示。

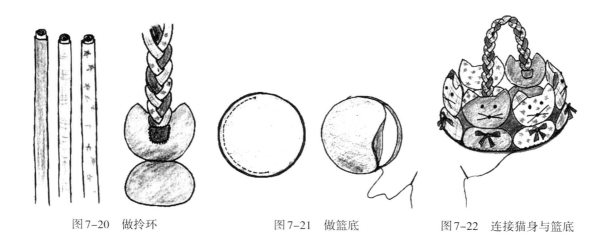

图7-20　做拎环　　　　　　图7-21　做篮底　　　　图7-22　连接猫身与篮底

第三节　信插的结构与工艺

一、外形概述

信插上端穿木杆固定，上贴3个口袋，郁金香图案采用贴布工艺装饰，样品如图7-23所示。

图7-23　信插

二、平面效果图

信插大小为18cm×54cm，根据样品绘制其平面效果图，如图7-24所示，图中数字单位为厘米（cm）。

图7-24　平面效果图

三、平面结构图

平面结构图如图7-25所示，拼缝处放缝1cm，贴布部分放缝0.7cm，图中数字单位为厘米（cm）。

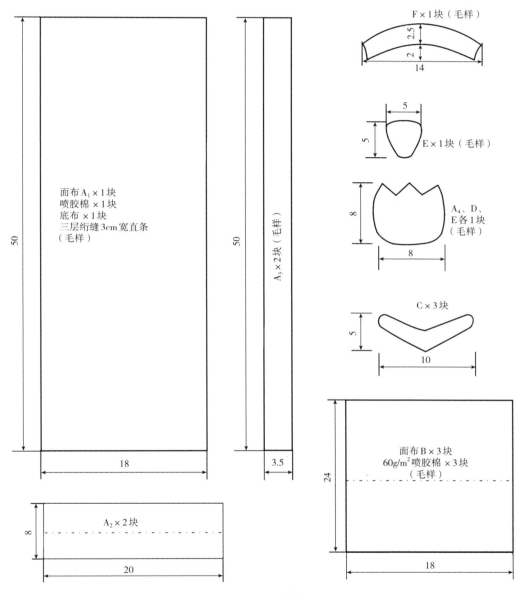

图7-25　平面结构图

图中面料说明：

A布：红白色织格子布；B布：红色色布；C布：绿色色布；D布：粉红色色织格子布；E布：蓝色色布；F布：黄色色布。

结构图尺寸说明：A_1的净样尺寸为18cm×48cm，上下两端放出1cm的缝头左右包边无须放缝，所以毛样为18cm×50cm；A_2是上下两块分别进行双层包缝，上下两端内部空心可穿挂杆，放出1cm的缝头后毛样为20cm×8cm；A_3是侧边包边布，按1cm的缝头包边，毛样为3.5cm×50cm；信插口袋部分的面料是要上下对折，底边缝合在信插主体绗缝面料上，左右也是包边处理无须放量，所以做好18cm×11cm的口袋其结构图毛样为：18cm×（11×2+2）cm=18cm×24cm，四周包边处理不用放量；贴布部分的图案毛样均按0.7cm放量的。

四、制作步骤

1.裁剪：先按照结构图将各块面料与喷胶棉依次裁下备用。

2.绣花：将F布进行电脑绣花，如图7-26所示，英文字母用平包针刺绣。

图7-26 绣花

3.绗缝：将面料A_1、喷胶棉、底布三层一起绗缝3cm宽的直条，如图7-27所示。

4.贴布机缝：将绣花片F与E布毛边折进0.7cm贴在绗缝面料上，贴布图案距离上端4cm，如图7-28所示。

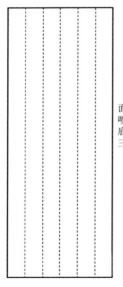

面布 A_1×1块
喷胶棉 ×1块
底布 ×1块
三层绗缝3cm宽直条

图7-27 绗缝

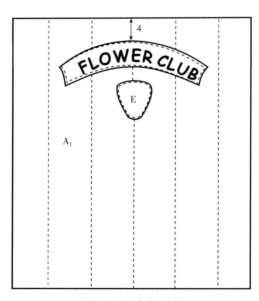

图7-28 贴布机缝

5.将三朵郁金香图案依次贴在信插口袋上，如图7-29所示，贴缝时将毛边折进0.7cm，沿边缘压止口线0.1cm，郁金香图案左右居中，底部距布边1.5cm。

6.做贴袋：将贴缝好郁金香的口袋布对折，中间衬上喷胶棉，袋口压线0.5cm，袋底与绗缝布拼缝。拼缝时毛边朝向袋子中间，然后翻转将袋口朝上，如图7-30所示。

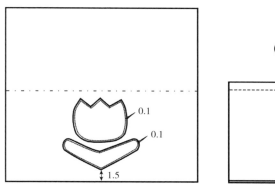
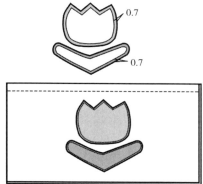

图7-29　贴郁金香图案

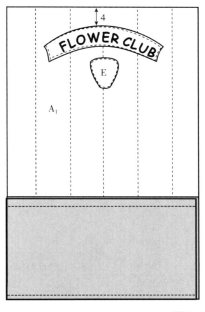
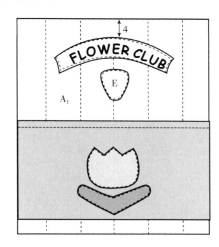

图7-30　做贴袋

7.将三只贴袋贴好后再将侧边用A_3包边，包边宽1cm。

8.最后将上下两端包边，包边宽3cm，成品效果见效果图。

第四节　布艺书套的结构与工艺

一、外形概述

布艺书套表布由两种面料拼接而成，拼接处增加花式针迹进行装饰，内侧折叠处由橡皮筋固定成形，样品如图7-31所示。

图7-31　布艺书套

二、平面效果图

布艺书套大小为21.5cm×46cm，根据样品绘制其平面效果图与平面结构图，如图7-32所示，图中数字单位为厘米（cm）。

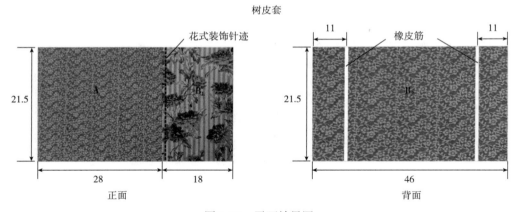

图7-32　平面效果图

三、制作步骤

布艺书套制作步骤详见视频7-1。

视频7-1　给笔记本穿件美丽衣裳

第五节　拼布笔袋的结构与工艺

一、外形概述

此款拼布笔袋由各种颜色的条状面料拼接而成，可以充分利用服装家纺生产过程中的零布料来进行创作，袋口包边装拉链，样品如图7-33所示。

二、制作步骤

拼布笔袋的制作步骤详见视频7-2。

图7-33　拼布笔袋

视频7-2
竹林拼布笔袋的制作方法

思考与练习题

1.按照小猫工艺篮的结构与工艺进行制作。

2.设计一组十二生肖造型的工艺篮并制作。

3.按照郁金香信插的结构与工艺进行制作。

4.以当地旅游文化特色设计三件以上的系列化信插组合并制作。

5.按照布艺书套的结构与工艺进行制作。

6.按照拼布笔袋的结构与工艺进行制作。

参考文献

[1] 文化服装学院. 文化服装讲座 10 服装设计篇 [M]. 冯旭敏，马存义编译. 北京：中国轻工业出版社，2001.

[2] 沈婷婷. 家用纺织品造型与结构设计 [M]. 北京：中国纺织出版社，2004.

[3] 高阳. 中国传统装饰与现代设计 [M]. 福州：福建美术出版社，2005.

[4] 本书编译组. 家庭手工 DIY：碎花布的迷人风情 [M]. 北京：中国轻工业出版社，2000.

[5] 王琥. 装饰与民间艺术 [M]. 重庆：重庆出版社，2003.

[6] 高波，李中元，张文辉. 室内纺织品配套设计 [M]. 武汉：湖北美术出版社，2006.

[7] 龚建培. 装饰织物与室内环境设计 [M]. 南京：东南大学出版社，2006.

[8] 欧美家居装饰艺术：温馨的桌饰 [M]. 宋艳，靳继东，译. 长春：吉林美术出版社，2006.